JN314271

数学のかんどころ ⑪

統計的推測

松井 敬 著

共立出版

編集委員会

飯高　　茂　（学習院大学）
中村　　滋　（東京海洋大学名誉教授）
岡部　恒治　（埼玉大学）
桑田　孝泰　（東海大学）

本文イラスト
飯高　　順

「数学のかんどころ」
刊行にあたって

　数学は過去，現在，未来にわたって不変の真理を扱うものであるから，誰でも容易に理解できてよいはずだが，実際には数学の本を読んで細部まで理解することは至難の業である．線形代数の入門書として数学の基本を扱う場合でも著者の個性が色濃くでるし，読者はさまざまな学習経験をもち，学習目的もそれぞれ違うので，自分にあった数学書を見出すことは難しい．山は1つでも登山道はいろいろあるが，登山者にとって自分に適した道を見つけることは簡単でないのと同じである．失敗をくり返した結果，最適の道を見つけ登頂に成功すればよいが，無理した結果諦めることもあるであろう．

　数学の本は通読すら難しいことがあるが，そのかわり最後まで読み通し深く理解したときの感動は非常に深い．鋭い喜びで全身が包まれるような幸福感にひたれるであろう．

　本シリーズの著者はみな数学者として生き，また数学を教えてきた．その結果えられた数学理解の要点（極意と言ってもよい）を伝えるように努めて書いているので読者は数学のかんどころをつかむことができるであろう．

　本シリーズは，共立出版から昭和50年代に刊行された，数学ワンポイント双書の21世紀版を意図して企画された．ワンポイント双書の精神を継承し，ページ数を抑え，テーマをしぼり，手軽に読める本になるように留意した．分厚い専門のテキストを辛抱強く読み通すことも意味があるが，薄く，安価な本を気軽に手に取り通読して自分の心にふれる個所を見つけるような読み方も現代的で悪くない．それによって数学を学ぶコツが分かればこれは大きい収穫で一生の財産と言

えるであろう.

　「これさえ摑めば数学は少しも怖くない,そう信じて進むといいですよ」と読者ひとりびとりを励ましたいと切に思う次第である.

編集委員会と著者一同を代表して

飯高　茂

はじめに

　最近「統計」は様々な場面でよく使われている．これは，身の回りに大量のデータがあふれている社会で，その中から必要とされる情報を手にする道具として，それより何よりも，対象を客観的にみるための道具として，統計の役割が強く認識されてきたからであろう．

　長い間，筆者が「統計」にかかわってきて感じることは，いわばデータの入りと出に関することである．

　卒業研究などで，ある課題を持つ学生に関連のデータ（資料）を集めるように言うと，すぐにネット検索に頼ろうとする．しかし，ネット上にいわゆる「生の」データは少なく，たいていは加工されたデータである．生のデータが課題を真に理解するうえで重要なことは言うまでもない．データはどこにでも「ある」ともいえるが課題を十分に理解するためのデータを「得る」ことは難しい．

　一方，現実にデータを手にしている社会人は多い．ところが，データの扱い方に苦慮していて，「統計」をもう少しきちんと学んでおけばよかったという話はよく聞かれる．（ただ，この点は統計の専門家にとっても，そう簡単な話ではない．実際にデータに直面したとき，統計解析の方法に悩まされることは少なくなく，何にでも使える魔法の杖など無いのである．）

ところで，本書で意図したのは統計の基本的な考え方を理解してもらうことである．すなわち，統計的推測の枠組み，標本分布から統計的推測にいたる筋道，統計的概念や考え方といったことで，これらはデータを扱う際の基本となっている．統計学にはデータを扱う面（実用）と数学的な演繹が要求される部分の二面性がある．このことが統計を取り扱いにくくしている点だが，本書では理論と応用との関係を事例を通してわかりやすくと心がけた．練習問題の構成も，章末の問題は各章の内容について数学的な理解を深めるものとして，付録の別表の問題は統計的推測の実際をデータを使いながら理解されるように，巻末の問題は統計学の一般的な問題として準備してある．

本書によってすぐにデータへの取り組みが十分にできるようになるといったことは考えられない．しかし，本書にあげた統計的な考え方のベースを十分に理解することで，新たな統計観，データ観が生まれ，これまでとは違ったデータへの取り組みができるのではないかと考えている．

平成23年に改訂された文部科学省の学習指導要領では，数学の中での統計の扱いが変わり，これまでより深い教科内容が準備されている．丁度こんな折，岡部恒治先生からこのシリーズへの執筆のお誘いをいただいた．また，飯高茂先生ならびに桑田孝泰先生からはシリーズの編集委員としてご意見をいただいた．本書を上梓するにあたって，このことについて感謝申し上げたい．また，原稿の細部にまで目を通し，あいまいな表現や説明不足の点などに関して様々なご意見をいただいた共立出版編集部の野口訓子さんに心から御礼を申し上げたい．

2012.5.9

松井　敬

目　次

第1章　データの記述 ……………………………………… 1
　1.1　記述統計と統計的推測　2
　1.2　データの尺度と度数分布　3
　1.3　数値による要約　7

第2章　統計的推測の枠組み ……………………………… 17
　2.1　母集団と標本　18
　2.2　母集団モデル　24
　2.3　離散型確率分布　27
　2.4　連続型確率分布　38

第3章　標本分布 ……………………………………………… 51
　3.1　標本分布　52
　3.2　正規母集団からの無作為標本　55
　3.3　$\bar{X}$ の分布，$\hat{p}$ の分布　61

第4章　統計的推定 …………………………………………… 65
　4.1　統計的推定　66
　4.2　母集団比率の推定　69
　4.3　正規分布の母数の推定　71

4.4　標本の大きさ　76
4.5　推定量の性質　78

第5章　統計的仮説検定　87
5.1　仮説検定の考え方　88
5.2　母集団比率の検定　95
5.3　正規分布の母数の検定　100
5.4　統計的検定の考え方　109

第6章　分割表と適合度の検定　123
6.1　分割表の検定　124
6.2　適合度の検定　133

第7章　ノンパラメトリックな検定　141
7.1　ノンパラメトリックな方法の考え方　142
7.2　符号検定　143
7.3　符号つき順位和検定　147
7.4　順位和検定　151
7.5　コルモゴロフ・スミルノフ検定　154
7.6　連検定　160

付録A　別表の説明と関連問題　165

付録B　巻末問題　169

解　答　179
付　表　195
索　引　205

第 1 章

データの記述

　私たちは日常生活の中でさまざまな問題や課題に直面するが，まず必要となるのはそれらの事柄に関連する情報を収集することである．統計学の目標の一つはいかにして質の良い情報を──多くの場合数値データとして──収集するかということにある．

　その時，収集した数値データを，そのまま数字の羅列として見ているだけでは全体の様子が見えにくい．データの中から必要とされる情報を上手に取り出さなければならない．つまり，データを加工し，記述するのである．この章ではデータの記述の基本的な方法を簡潔に述べておく．

　この本の主なテーマである統計的推測の諸問題も，このようなデータの記述の考え方の基礎の上に組み立てられている．

1.1 記述統計と統計的推測

　記述統計（descriptive statistics）は主にデータの収集と加工に関する考え方と方法にかかわっている．データの加工とはデータを簡約化，あるいは要約することである．たとえば，何十人ものプロ野球選手の日々の打撃成績の一覧表を渡されても，選手間の比較は面倒であるが，打率としてまとめた表であれば比較は容易になる．データを要約するとはこのようなことをいっている．試験結果を平均点と比べたり，偏差値によって比較するといったこともデータの簡約化に関係している．

　一方，データの収集とは通常私たちが行っているように実験や観測，調査などを通してデータを集めることである．ただ，必要とされるデータを得るために工夫が求められることもある．たとえば，物価指数を考えてみる．数多くの消費品目がある中で物価が以前より上がったか下がったかについて，一般の利用にたえうる総合的な指数を定義し，構築することはそれほど簡単なこととは思えないし，関連情報（データ）を集めることもかなり大変に見える．しかし，いったんその形式が整えば，物価の変動について強力な判断材料ができ，そこから大きな知見が得られることが期待できる．同じことは株価の個別データと日経平均やTOPIXといった指数との関係についても言えることである．

　いろいろなタイプのグラフを用いてデータを視覚的に表現することもデータの記述であって，このことによってデータの持っている主張が見えやすくなっている．

　このように，個人，企業あるいは自治体などが抱える様々な課題を把握し，それぞれの課題に関連する適切なデータを手に入れること，そして得られたデータを要約することは大変重要なことであっ

て，記述統計はこういったデータの生成と収集，加工およびその記述にかかわる内容を持っている．

この本で主に取り扱う統計的推定と検定の問題の分野は統計的推測（statistical inference）とよばれている．これは推測統計ともよばれるが，後で述べる母集団と標本という枠組みの中で規定されている点が記述統計とは異なっている．歴史的にみれば記述統計から推測統計へと進んできているが，当然，推測統計は記述統計から得られた多くの知見の上に成り立っている．本章ではデータの記述に関連し，後の章で必要とされる考え方を述べておきたい．

1.2 データの尺度と度数分布

すべての分野の科学的な試みの中で，当該のテーマに関連する情報を収集することは必須のことである．そのため，手段は異なるが実験，調査あるいは観測といった手続きを経てデータ（資料）を収集する．データはこれらの試みの結果で，関心を持った測定項目を数量的に表現して得られたものの集まりである．このとき，1つ1つの測定項目を変数 (variable) とよぶ．私たちはデータを使って解析するという言い方をするが，データ解析とはこれらの数量的なデータにもとづいて，それらデータを生み出す当面の課題についての情報を得ようとする科学的な試みのことを言っている．

データは様々な水準の測定尺度で測定され表現されている．データがどのような尺度で測定されるかはデータ解析の方法にも関係している．以下にデータ表現のいくつかをあげておく．

・変数の測定尺度

次のような測定の尺度があげられる.

<u>名義尺度</u>（分類尺度）：データの属性を表す尺度. 性別, 国名, 出生年号, 講義への出欠など.

<u>順位尺度</u>（序数尺度）：データ間に大小関係が含まれる尺度. 競技での順位, 大中小型車の分類, 服のサイズなど.

<u>間隔尺度</u>：データ間に距離が定義される尺度. 温度（摂氏）, 指数, 成績（得点）など.

<u>比尺度</u>：データ間に比が定義される尺度. 長さ, 重さ, 年齢, 絶対温度（°K）など（真の原点があるもの）.

なお, 比尺度は間隔尺度の, 間隔尺度は順位尺度の, そして順位尺度は名義尺度の性質も持っている. また, 測定されたデータの表現の仕方に関連して次の言い方もよく使われる.

質的（定性的）データ → 名義尺度, 順位尺度
量的（定量的）データ → 間隔尺度, 比尺度

・変数の型

変数の型はデータの得られるモデルを表現するのに重要な意味を持っていて, 離散型変数と連続型変数がある. これについては第2章で改めて扱う.

・変数の組

たとえば, 身長を1つの変数として扱うか, （身長, 体重）の変数の組によって扱うかによって, 次の言い方がある.

1変量, 2変量, 多変量

なお, 同じ意味で次の表現もある.

1標本, 2標本, k-標本

データ解析では, まずデータの分布状況を捉えることが必要とな

る．この場合，尺度が名義尺度あるいは順位尺度ならばその属性ごとにデータを分類するし，間隔尺度あるいは比尺度ならばある幅を持った階級をつくり，それら階級ごとにデータを分類することになる．変数の種類と数や属性，階級（これらをカテゴリとよぶ）の数によってデータは一般に下に示した表 1-1 のように分類される．このように分類されたデータをカテゴリカルデータとよんでいる．

・度数分布

データは変数の組と数によって次のような度数表に分類される．一般に，r 分岐 $\times c$ 分岐の場合の 2 元分類表は次のように表される．

表 1-1 2 元分類表

	B_1	B_2	$\cdots$	B_c	計
A_1	n_{11}	n_{12}	$\cdots$	n_{1c}	$n_{1\cdot}$
A_2	n_{21}	n_{22}	$\cdots$	n_{2c}	$n_{2\cdot}$
$\vdots$	$\vdots$	$\vdots$	$\vdots$	$\vdots$	$\vdots$
A_r	n_{r1}	n_{r2}	$\cdots$	n_{rc}	$n_{r\cdot}$
計	$n_{\cdot 1}$	$n_{\cdot 2}$	$\cdots$	$n_{\cdot c}$	n

この表の計の部分の $n_{\cdot 1}, n_{\cdot 2}, \cdots, n_{\cdot c}$ と $n_{1\cdot}, n_{2\cdot}, \cdots, n_{r\cdot}$ は周辺度数とよばれ，それぞれ列と行の度数の和を表している．

ここで，$A_1, A_2, \ldots ; B_1, B_2, \ldots$ は先にあげた 4 つの測定の尺度——名義，順位，間隔および比——のいずれかによって表された属性ないしは階級（カテゴリ）を表している．したがって，2 元表としてはそれぞれの測定尺度によって，たとえば「名義×順位」の表，「名義×間隔」の表，あるいは「順位×比」の表など色々な組み合わせが考えられる．さらに重要なことは，形式的には表の形が同じであっても，上にあげたような尺度の組み合わせの違いや，カテゴリ間の順序の有無が統計的な解析法に関係することである．

次に分類表の例を3つあげておく．

例 1.1 血液型

表1-2は血液型を属性とする1元分類である．学生200人に血液型を聞き，次の結果を得た．なお，日本人全体の血液型の割合は，A型38%，B型22%，AB型9%，O型31%といわれている．

表 1-2 血液型

血液型	A	B	AB	O	計
観測値	66	43	22	69	200

例 1.2 新生児の体重

表1-3は体重による1元分類である．この表には度数分布の他に，階級値，相対度数，累積相対度数を付して表した．階級値は各階級の中央の値，相対度数は全度数に対するそれぞれ

表 1-3 出生時体重（人口動態統計，2008年）

階級 (kg)	階級値 (kg)	度数	相対度数	累積相対度数
- 1.0	0.75	1,619	0.3	0.3
1.0 - 1.5	1.25	2,563	0.5	0.8
1.5 - 2.0	1.75	6,560	1.2	1.9
2.0 - 2.5	2.25	36,710	6.6	8.5
2.5 - 3.0	2.75	195,406	34.9	43.4
3.0 - 3.5	3.25	243,318	43.5	86.9
3.5 - 4.0	3.75	66,832	11.9	98.9
4.0 - 4.5	4.25	6,055	1.1	99.9
4.5 -	4.75	339	0.1	100.0
		559,402	100.0	100.0

の度数の割合である．なお相対度数はパーセントで表示してある．この表のように度数の実数をあげるよりもパーセント表示の方が見やすい場合がある．

例 1.3 生死観

「日本人の死生観」についての標本調査で「死を怖いと思うか」との問いに「怖いと思う」と答えた人を年齢別，男女別に分類し次の表 1-4 が得られた．性と年齢による 2 元表である．

表 1-4 調査結果の年齢区分別分類（$Journalism$，2011 年 1 月号）

性 \ 年齢	20-29	30-39	40-49	50-59	60-69	70-	計
男性	59	96	98	93	85	59	490
女性	89	126	139	132	116	106	708

1.3 数値による要約

次にあげる様々な要約量はデータの持つ特性を数値で表現するために使われる．前にあげた比，間隔，順位および名義の測定尺度で測られたデータに対し，求めうる（計算されうる）要約量と，そうでない要約量があるので若干の注意が必要である．

n 個のデータが次のように与えられているものとする．

$$x_1, x_2, \ldots, x_n$$

これらのデータを大きさの順に並べ替えたとき，添字にカッコをつけて次のように表わすこととする．

$$x_{(1)} \leq x_{(2)} \leq \cdots \leq x_{(n)}$$

位置の評価

与えられたデータの中心的な値，相対的な値を示すためによく使われる要約量に次のようなものがある．

・平均 (mean)

データの中心的な位置を表わす値．
$$\bar{x} = \frac{1}{n}(x_1 + x_2 + \cdots + x_n) \tag{1.1}$$

・中央値 (median)

データを大きさの順に並べたとき，真ん中に位置する値．
$$Me = \begin{cases} x_{(n+1)/2} & n:奇数のとき \\ (x_{(n/2)} + x_{(n/2+1)})/2 & n:偶数のとき \end{cases} \tag{1.2}$$

・最頻値 (mode)

データの中で最も度数（頻度）の多い値．

・最小値 (minimum value)

データの中で最小の値：$x_{(1)}$

・最大値 (maximum value)

データの中で最大の値：$x_{(n)}$

・範囲中央 (midrange)

データの範囲の真ん中の値．
$$MR = \frac{x_{(1)} + x_{(n)}}{2}$$

・四分位数 (quartile)

データ全体を大きさの順に四等分した点に対応する値 Q_1, Q_2

および Q_3 で，それぞれ第 1, 2, 3 四分位数とよばれる．Q_2 は中央値 Me である．

- 十分位数　(decile)
 データ全体を大きさの順に十等分した点に対応する値．
- 百分位数　(percentile)
 データ全体を大きさの順に百等分した点に対応する値．

散らばりの評価

データの散らばり（バラツキ）の大きさを測る要約量として次のようなものがあげられる．

- 分散　(variance)
 データの散らばりを測る要約量．

$$s^2 = \frac{1}{n}\sum_{i=1}^{n}(x_i - \bar{x})^2 \tag{1.3}$$

分散には，上式で n のかわりに $n-1$ で割った分散（不偏分散）がある．不偏分散については 4.5 節で説明する．

- 標準偏差　(standard deviation)
 データの散らばりを表わす値で，分散の平方根．

$$s = \sqrt{\frac{1}{n}\sum_{i=1}^{n}(x_i - \bar{x})^2} \tag{1.4}$$

- 範囲　(range)
 データが散らばる（分布する）範囲を表わす．

$$R = x_{(n)} - x_{(1)}$$

- 四分位範囲　(inter-quartile range)

データの中央の 50% を含む範囲．
$$IQR = Q_3 - Q_1$$

・四分位偏差　(quartile deviation)
四分位数の中央値からの偏差の平均．
$$QD = \frac{1}{2}(Q_3 - Q_1)$$

・平均偏差　(mean deviation)
データが平均値からどの程度散らばっているかを表す要約量．
$$MD = \frac{1}{n}\sum_{i=1}^{n}|x_i - \bar{x}|$$

形の評価

データが左右対称形に分布しないで，右ないし左に偏っていることをデータに歪みがあるという．データの歪みの程度や，データの平均の周りへの集中の度合いなどデータの分布する形を評価するものとして次のような尺度がある．

一般に
$$m_k = \frac{1}{n}\sum_{i=1}^{n}(x_i - \bar{x})^k$$

を平均のまわりの k 次のモーメント（積率）とよぶ．$m_1 = 0$, $m_2 = s^2$（分散）である．このモーメントを使って分布の歪みや尖りを表わす次のような尺度がある．

・歪度　(skewness)
分布の非対称性（ゆがみ）を表わす尺度．

$$\frac{m_3}{m_2^{3/2}} \left(= \frac{m_3}{s^3} = \frac{1}{n} \sum_{i=1}^{n} \left(\frac{x_i - \bar{x}}{s} \right)^3 \right)$$

・尖度 (kurtosis)

分布の平均への集中度(とがり)を表わす尺度.

$$\frac{m_4}{m_2^2} \left(= \frac{m_4}{s^4} = \frac{1}{n} \sum_{i=1}^{n} \left(\frac{x_i - \bar{x}}{s} \right)^4 \right)$$

正規分布の積率にもとづく尖度は 3 なので,尖度を $\frac{m_4}{m_2^2} - 3$ と定義することもある.

・標準化変量

最後にデータ変換ともとの変数の関係をあげておく.データ $x_1, x_2, \ldots, x_n$ に対し,変換

$$y_i = ax_i + b \quad (a, b \text{ は定数}, \quad i = 1, 2, \ldots, n)$$

を行うと,データ $y_1, y_2, \ldots, y_n$ の平均と分散は次のようになる.

平均:$\bar{y} = a\bar{x} + b$, 分散:$s_y^2 = a^2 s_x^2$, 標準偏差:$s_y = a s_x$

$\bar{x}, s_x^2$ はもとのデータの平均と分散である.特に $a = 1/s_x$, $b = -\bar{x}/s_x$ とおいたときの変数

$$z_i = \frac{x_i - \bar{x}}{s_x}, \quad (i = 1, 2, \ldots, n) \tag{1.5}$$

を標準化変量(standardized variable)とよぶ.変換されたデータ $z_1, z_2, \ldots, z_n$ の平均は 0,分散は 1 である.

なお,標準化変量に対し,さらに変換を加えた

$$d_i = 10 z_i + 50, \quad (i = 1, 2, \ldots, n) \tag{1.6}$$

を偏差値とよんでいる．偏差値の平均は50，標準偏差は10である．

　これまで述べてきたように，データを要約する方法として度数によるまとめ，数値的なまとめ，そしてここでは説明していないが，グラフによる表現がある．
　このように，データを要約するための工夫は様々な形でなされてきている．たとえば，テューキー (J.W.Tukey) はデータを表現する方法として，探索的データ解析の方法を提案している．これはデータの中央値に力点を置きながらデータを様々な角度から探索し，データに潜む本質を探ろうとする試みである．記述的な方法としては，五数要約，幹葉表示，箱ヒゲ図がよく知られている．

相関係数
・ピアソンの相関係数
　2つの測定値の組によってデータが与えられている場合がある．たとえば，身長と体重のデータの組や前期と後期の試験結果の組といった場合である．

図 1-1　ピアソン (K. Pearson)，1857-1936

比ないし間隔の尺度で測られた対のデータの組 $(x_1, y_1), (x_2, y_2), \ldots, (x_n, y_n)$ が与えられたとき，x と y の関連性の度合を表すのがピアソン（K. Pearson）の相関係数（correlation coefficient）で

$$r = \frac{c_{xy}}{s_x s_y} \tag{1.7}$$

と定義される．ここで c_{xy} は共分散（covariance）とよばれ

$$c_{xy} = \frac{1}{n}\sum_{i=1}^{n}(x_i - \bar{x})(y_i - \bar{y}). \tag{1.8}$$

また s_x, s_y は変量 x, y の標準偏差で

$$s_x = \sqrt{\frac{1}{n}\sum_{i=1}^{n}(x_i - \bar{x})^2}, \quad s_y = \sqrt{\frac{1}{n}\sum_{i=1}^{n}(y_i - \bar{y})^2}.$$

r は $-1 \leq r \leq 1$ の間の値をとり，プラスのとき正の相関が，マイナスのとき負の相関が，0 のときに無相関であるという．

表 1-5 は 16 人の学生のある科目の前期と後期の試験結果である．この相関係数を計算すると 0.593 で，散布図を描くと図 1-2 となる．

表 1-5 前・後期の試験結果

学生番号	1	2	3	4	5	6	7	8
前期	71	62	53	50	68	54	61	67
後期	73	67	67	77	74	79	54	60
学生番号	9	10	11	12	13	14	15	16
前期	52	42	68	52	77	69	78	35
後期	63	52	53	60	83	62	97	44

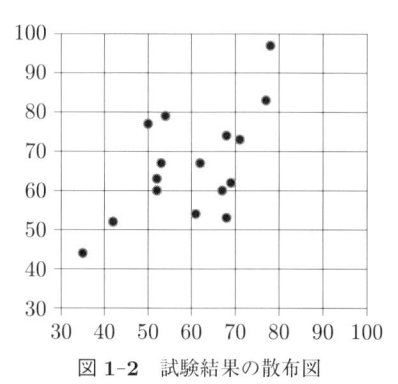

図 1-2 試験結果の散布図

・スピアマンの順位相関係数

スピアマン（C.E. Spearman）の順位相関係数は，順位の尺度で測定されたデータに対して用いられる．たとえば，ある野球解説者によるプロ野球 6 球団の開幕前予想（1〜6 位）と各球団の最終結果の順位が次の表 1-6 ように与えられているとする．この場合の各組の値は格子点上で示され，図 1-3 のように表される．

表 1-6 順位予想と結果

球団名	A	B	C	D	E	F
開幕前予想	3	4	1	6	2	5
最終結果	5	2	3	6	1	4

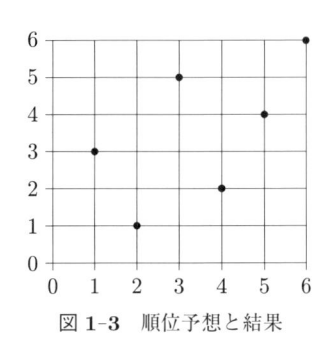

図 1-3 順位予想と結果

これは，ピアソンの相関係数で $x_1, x_2, \ldots, x_n$; $y_1, y_2, \ldots, y_n$ がそれぞれ 1 から n までの順位で表わされている場合に対応している．スピアマンの相関係数は

$$r_s = 1 - \frac{6 \sum_{i=1}^{n} d_i^2}{n^3 - n} \tag{1.9}$$

である．ここで d_i は順位の差で，$d_i = x_i - y_i$ $(i = 1, 2, \ldots, n)$ である．r_s も $-1 \leq r_s \leq 1$ であり，$r_s = 1$ は x と y の順位がすべて一致している場合，$r_s = -1$ は全く逆順になっている場合である．

なお，表 1-6 のデータの順位相関係数は 0.600 である．

問 1.1

データ $x_1, x_2, \ldots, x_n$ に対し変換 $y_i = ax_i + b$ を行ったとき，$y_1, y_2, \ldots, y_n$ の平均は $\bar{y} = a\bar{x} + b$，分散は $s_y^2 = a^2 s_x^2$ と表せることを示

せ．ただし，$\bar{x}$ と s_x^2 は元のデータの平均と分散で，a, b は 0 でない定数である．

問 1.2

相関係数は変量 x と y の標準化変量

$$u_i = \frac{x_i - \bar{x}}{s_x}, \quad v_i = \frac{y_i - \bar{y}}{s_y}$$

を用いると，次のような積和の平均で表せることを示せ．

$$r = \frac{1}{n} \sum_{i=1}^{n} u_i v_i$$

問 1.3

ピアソンの相関係数 (1.7) 式は，データ $x_1, x_2, \ldots, x_n$ と $y_1, y_2, \ldots, y_n$ のそれぞれが順位の尺度で 1 から n までの値をとるとき，スピアマンの順位相関係数 (1.9) 式で表されることを示せ．

偏差値　〜〜〜〜〜〜〜〜〜〜〜〜〜〜　コラム　〜

2つの科目 A, B の n 人の試験結果がある．下表のように，科目 A は平均が高く散らばり標準偏差は小さい．科目 B は平均が低く，得点は幅広く分布している．

このように，問題の異なる難易度と受験者の異なる理解度によって得られた結果を，データ間の相対的な位置関係は保持しつつ，平均の位置をそろえ，標準偏差の値を同じにした尺度をつくったのが偏差値である．要するに，異なる尺度で測定されたデータを共通の尺度で測りなおしたのが (1.5) 式の標準化であり (1.6) 式の偏差値である．

							n	平均	標準偏差
A	62	68	73	80	88	92	6	77.2	10.62
B	20	35	52	75	88		5	54.0	24.97
偏差値 A	36	41	46	53	60	64	6	50	10
偏差値 B	36	43	49	58	64		5	50	10

偏差値は $d_i = 10 \times (x_i - \bar{x})/s + 50$ と書けるので，データ A の最初の値の偏差値は $d_1 = 10 \times (62 - 77.2)/10.62 + 50 = 36$ である．ほかの値についても同様に計算できる．

もとのデータと偏差値の関係を図示すると下のようになる．変換によってデータの値が変わるが相対的な位置関係は変わらず，しかも平均 50，標準偏差 10 に揃えられている．

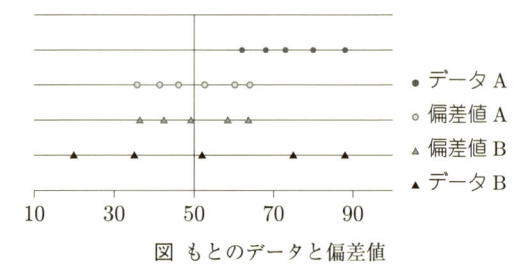

図　もとのデータと偏差値

第2章

統計的推測の枠組み

　統計的推測とは統計的推定や検定の問題を含む統計的方法に対する一般的ないい方であるが，この考え方の基本には母集団と標本という枠組みがある．私たちが手にするデータに対し，統計的な手法にもとづいておこなう主張はこの枠組みの中で考えられている．

　本章ではまずこの母集団と標本という枠組み ── 言い換えるとデータとその背後にあるもの ── について述べる．母集団は結局，確率分布によって特徴づけられることになるが，データに対応する様々な確率分布のモデルがある．これら母集団の分布モデルの様相をデータとの関連で確認するのが次の課題である．さらにモデルをどう記述するか，モデルに含まれる母数（パラメータ）との関係を知ることが要点となる．

2.1　母集団と標本

　統計的手法の応用事例の1つに標本調査法がある．これは調査の課題（テーマ）に応じて特定された調査対象となる集団の中からある手続きによってその一部を取り出して調査し，その結果から調査対象全体についての知見を得るための方法で，顧客満足度調査やアンケート調査とよばれる形で日常的に行われている．

　標本調査として良く知られているのが内閣支持率調査で，この調査対象は全国の有権者全体であり，これはこの調査にかかわる母集団（population）とよばれている．この母集団の中からある手続きによってその一部が抽出され調査が行われる．抽出された対象を標本（sample）とよぶ．

　有権者は総数で1億人を超えるが，通常調査で得られる標本の大きさは1,000〜3,000人の場合がほとんどである．果たしてこれで有効な推論が可能かということに疑問を持たれるかもしれないが，統計的推測とはこのような標本によって母集団についての知見を得る試みである．

　新薬の開発にあたって，製薬会社は毒性，安全性などにかかわる様々なテストを長期間にわたって行い，その有効性を確認する．しかし，最終段階の治験（臨床試験）では数十，数百人程度の患者に対して比較試験を行って有効性を調べているにすぎない．ここで注目すべきことは，当該の薬の有効性は投薬した治験の対象者だけでなく，それ以外の同じ病気にかかっている人，これからその病気にかかる可能性のある人に対しても当然有効であるとされることである．

　この場合，これから当該の病気にかかる人も含め，その病気に罹病している人全体が母集団で，それを治験の対象者による結果から判断していることになる．治験は対象となった当事者についての有

効性だけを見ているわけではないのである．

現代統計学の枠組みとして母集団と標本があげられる．母集団は上の例では有権者全体，あるいはその1つ1つの要素に対して与えれれた標識（たとえば，支持するなら1，支持しないなら0）の集まりであり，データ生成の源泉と考えられている．標本はそこから得られた一部で，データはそれらの標識の集まりといえる．

では，ある物理実験に対応する母集団はどう考えたらよいだろうか．この場合，その結果を作り出す仮想的な袋（数値の集まり）を考えておき，実験結果はそこからの実現値と考える．サイコロ投げの試行も同じで，1から6の数字が含まれた仮想的な袋を考えておけばよい．サイコロを一回投げたことはその袋から1つの数字をとりだしたことに対応する．もしそのサイコロが歪んだり，欠けたりしているサイコロならばそれに対応する数字の詰まった袋を考えることになる．これは上にあげた有権者全体という母集団（0と1の集まり）から対象者（標本）を抽出することに対応している．

以上，母集団について少し曖昧ないい方をしたが，実際には母集団をそれぞれに対応する母集団モデルによって特徴づける．このモデルはデータ生成のメカニズム（機序）であって，このメカニズムにしたがってデータが生成されると考えるのである．モデルは，具体的には後で説明する確率分布によって表現されるが，これは一般

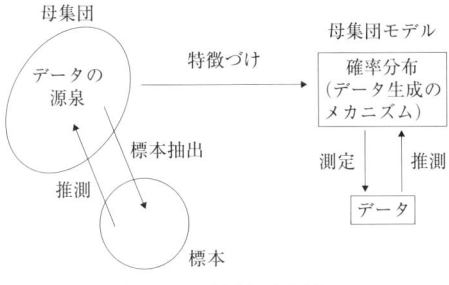

図 2-1　母集団と標本

には未知であり，ここに「推測」の意味がある．また，当面する課題（テーマ）に対し，しかるべきモデルを設定してデータを収集することもある．この場合もモデルの妥当性などをデータから検証することになる．

この枠組みの中で次にあげる重要な点がある．

仮に，考えられている物理実験が非常に温度に敏感であったとする．しかし，それにもかかわらずその温度環境を無視して実験を繰り返したとしたら，結果としてのデータには信頼が置けないであろう．これは，有権者全体からの標本抽出において，簡単だからという理由である政党の名簿に頼って対象者を抽出することと同じようなことで，この場合も結果に対し信頼は置けない．これらの結果には偏りがあると見なされる．

データを得る際の管理は統計学でも重要なテーマで，実験計画法や標本調査法はこのことを扱っている．この後本書で取り上げるデータも含め，一般に統計的推測で扱うデータは，無作為な（偏りのない）手続きで得られたもの——無作為標本（random sample）——であることを基本としている．

次に，データとモデルとの関係を具体例で見てみよう．

例 2.1　コイン投げ

コインを5回投げ，その中で表が出た回数を調べてみる．表の出る回数は0から5までの範囲で，実際にこのような試行を繰り返し行うとデータは次のように得られる．

1, 3, 0, 2, 3, 3, 2, 1, 5, 3, …

白河法皇は意にかなわぬもののたとえとして双六の賽の目をあげたと伝えられるが，私たちは試行の結果，表が何回出るかを予測することはできない．しかし，このような試行を繰り返すとその背後にこれらのデータを生成するメカニズムが見えて

くる．このメカニズムが，私たちが行動を起こしたり何らかの決定を下す際に重要な情報を与えてくれることになる．

表2-1にあげたのは，コイン投げの実験を1,000回繰り返した結果である．実験結果とそれに対応するモデルから得られる理論確率（2.3節で説明）による期待度数をあげているが，両者はかなり接近した値を持っており，個別のデータからでは見えない背後にあるものがこのような試みで見えてくることがわかる．

表 2-1　コインを5回投げた結果

表の数	0	1	2	3	4	5	計
観測度数	33	153	328	306	150	30	1,000
期待度数	31	156	313	313	156	31	1,000

例 2.2　ジャンケン

2人でジャンケンをしたとき，1回で決着のつく確率は2/3である．「あいこ」が続いてなかなか決着のつかないこともあるが，実際には何回目くらいに決着がついているのだろうか．このための実験を行ってみると，次のような結果（決着までの回数）が得られた．

　　1, 2, 1, 1, 1, 2, 4, 1, 3, 1, ...

当然，私たちは何回目に決着がつくかを予想することはできない．しかし，この実験結果の背後にも，あるメカニズムの

表 2-2　ジャンケンで勝つまでの回数

回数	1	2	3	4	5	6	7	...	計
観測度数	668	221	64	33	11	2	1	0	1,000
期待度数	667	222	74	25	8	3	1	0	1,000

存在が見られる．表 2-2 はこのような実験を計算機上で 1,000 回繰り返して得られたデータの度数分布である．表から 1 回で決着することが全体のほぼ 2/3，全体の約 90% 近い割合が 2 回目までに決着がつくことなどが見て取れる．

表には想定される母集団モデルから得られる期待度数も示してある．これは，幾何分布とよばれる分布から計算されるが，この例からもデータの背後にあって，データの生成にかかわっている母集団モデルの存在が見えてくる．

例 2.3   標本調査のモデル

2.1 節冒頭にあげた標本調査のモデルとして超幾何分布モデルがあげられる．

「壷の中に全体で N 個の等質等大の球が入っている．このうち M 個が赤球，残り $N-M$ 個が白球である．よくかきまぜて，この中から n 個の球を取り出したとき[1]，その中に x 個の赤球が含まれる」というのがこのモデルの説明で，ここでは特に説明なしに記すが，その確率は次のように与えられる．

$$\Pr(x) = \frac{\binom{M}{x}\binom{N-M}{n-x}}{\binom{N}{n}}, \quad x = 0, 1, \cdots, Min(n, M). \tag{2.1}$$

上にあげた内閣支持率の例では，N が有権者全体，M が調査の

---

[1] この場合の抽出は非復元抽出（sampling without replacement）である．抽出の度に抽出されたものをもとに戻し，抽出を繰り返す方法を復元抽出（sampling with replacement）とよぶ．

時点で，内閣を支持する人の全体，n が調査のために抽出した標本の大きさ，x がその中で支持すると答えた人の数ということになる（わからないとか，答えたくないといった要素は除いて，単純な条件で考えている）．

現実の調査結果はこのようなモデルにしたがって得られていると考えられるのである．

以上説明してきたように，データは母集団と標本という枠組みの

コラム　　池の中の魚を数える

池の中の魚の数を知る方法として捕獲再捕獲法（capture recapture method）というモデルがある．

池の中の魚の数を知るために，1回目の捕獲として池の中から何匹かを捕獲（M 匹），ひれに印をつけてリリースする．しばらくして2回目の捕獲を行う（n 匹）．この中に前回の捕獲で印をつけた魚が x 匹いたとする．このとき，池の中の魚の総数（N）の推定量 $\hat{N}$ は簡単には比例の関係（あるいはモーメント法）によって次のように推定される．

$$\frac{M}{N} \approx \frac{x}{n} \implies \hat{N} = M\frac{n}{x}.$$

これは例 2.3 の超幾何分布をモデルとして取り扱われるが，赤球と白球を使った説明との対応を考えてみよう．

なお，次の推定量はある条件のもとで不偏性を持つ推定量（4.5 節参照）となっている．

$$\hat{N} = \frac{(M+1)(n+1)}{x+1} - 1$$

この方法は，薬物の広がりや野生動物の数を推定するための方法としても使われている．

統計的方法はこのようにモデルを設定し，そのモデルのもとで得られたデータによる知見をもとに対象への推測を行うという形でも使われている．

なお，4.5 節，最尤推定の項も参照されたい．

中で考えられている．母集団はデータ生成の源泉であり，母集団に付与されたデータ生成のメカニズムが母集団のモデル——確率分布——である．データ解析にあたっては，このモデルが軸となり，統計的推測とは母集団から抽出された標本（測定された値のことをデータとよんでいる）によって，母集団（すなわちそのモデル）についての結論を導き出すことにある．したがって，基本的な問題は標本からどのように情報を引き出して，標本自体が得られた母集団をどのように考察するかということにある．

母集団モデルとしての確率分布は，問題解決に役立つと思われるものが経験的に構築されてきている．そのモデルによって私たちがこれから行おうとする実験や調査の性質を考察したり，これから行う実験の結果を予測したりすることが可能になるのである．そこで，次にモデルについての考察を行う．

2.2　母集団モデル

本節では前節にあげた例を中心に，母集団モデルの具体的な形を見ていくことにする．

実験や観測の結果は対応する課題に関連した変数の形で表現され，それらの実現値としてのデータが得られる．このときの変数には2つのタイプがある．離散型変数（discrete variable）と連続型変数（continuous variable）である．離散型変数とは実験や試行の結果を表す変数 X が離散的な値（整数値のようにとびとびの値）をとるものを意味している．次にあげる例はそのような変数と，それらの変数がしたがう確率の分布を示している．

前節で，コインを 5 回投げた時に表の出た回数 X がしたがう分布の例をあげた．コインを 5 回投げるごとに変数 X は 0 から 5 までの離散的な値をとる離散型変数である．

表を H, 裏を T で表すことにすると，5 回投げた結果では表と裏の出方は全体で $2^5 = 32$ 通りの場合があり，表が 5 回は 1 通りで (HHHHH), 表が 3 回は

(HHHTT), (HHTHT), (HHTTH), (HTHHT), (HTHTH),

(HTTHH), (THHHT), (THHTH), (THTHH), (TTHHH)

の 10 通りある．これは H が 3 個，T が 2 個の並べ方の数 $\binom{5}{3} = 10$ 通りに対応している．このように $X = 0, 1, 2, 4$ の場合も同様に考えると，変数 X は次のような確率法則にしたがってそれぞれの値をとっていることがわかる．表 2-3 の確率分布が例 2.1 の背景にあった確率分布である．

表 2-3　コインを 5 回投げたときの表の数 X の取りうる値と確率

X	0	1	2	3	4	5	計
確率	1/32	5/32	10/32	10/32	5/32	1/32	1

このように，ある試行に対応し，事象を実数値として表現する変数 X を確率変数[2]とよび，このとき X がしたがう分布を X の確率分布という．この場合，X の確率分布を次のように書くことができる．

$$\Pr(X = x) = \frac{5!}{x!(5-x)!}\left(\frac{1}{2}\right)^5, \quad x = 0, 1, \ldots 5.$$

ここで，$\Pr(X = x)$ は確率変数 X がある実数値 x をとる確率で，

---

[2] 一般に確率変数を大文字で，そのとりうる値（実現値，データ）を小文字で表す習慣がある．この書き分けは時には煩わしく，記法上の制約もある．後の章ではこの記法によらない場合もあることを断わっておく．

$x = 0, 1, 2, .., 5$ 以外の x の値についての確率はゼロである．この分布は二項分布とよばれるが，一般形は 2.3 節で取り扱う．

ところで，トランプのカード 52 枚の中から無作為に復元抽出法で 5 枚のカードを取り出すと，そこに含まれる赤のカードの枚数の分布は上にあげた二項分布と同一となる．一方，非復元抽出で 5 枚を取り出した時には (2.1) 式の超幾何分布によって説明される．このように母集団モデルとしての確率分布は異なる様々な事例に対応して存在し，一見似ていても異なるモデルが対応したりしている．

第 2.1 節で扱った「2 人でジャンケンを行い，何回目に決着がつくか」の例では，決着までの回数 X が確率変数である．1 回で決着がつく確率は 2/3 で，あいこの確率は 1/3 である．したがって独立試行の中で，たとえば 3 回目に決着のつく確率は，1 回目あいこ，2 回目あいこ，3 回目に決着，で確率は $(1/3)(1/3)(2/3) = 2/27$ となる．こうして表 2-4 が得られるが，これが表 2-2 の実験結果の背後にある分布モデル（メカニズム）である．これは後で述べる幾何分布の一例である．

表 2-4　ジャンケンで X の取りうる値と確率

決着の回数	1	2	3	4	5	⋯
確率	2/3	2/9	2/27	2/81	2/243	⋯

以上述べてきたように，ある現象を表す確率変数 X には対応する確率分布があり，しかもその分布形は X が何を表しているかによって異なった形を持っている．次に，離散型確率分布の一般的な形とその特徴づけについて考えてみる．

2.3 離散型確率分布

離散型確率変数 X は，たとえば，ある警察署管内での1日あたり交通事故の件数，ある産婦人科医院で生まれた1月あたりの子供の数などのように，正の整数値をとる場合が多い．確率変数 X のしたがう離散型の確率分布は，X の取りうる値（実現値）x_1, $x_2, \ldots, x_k, \ldots$ とその値がとられる確率 $p(x_1), p(x_2), \ldots, p(x_k), \ldots$ によって，次のように表される．

表 2-5 離散型確率分布

X がとる値	x_1	x_2	x_3	$\cdots$	x_k	$\cdots$
確率	$p(x_1)$	$p(x_2)$	$p(x_3)$	$\cdots$	$p(x_k)$	$\cdots$

あるいはこれを次のように書く．

$$\Pr(X = x_i) = p(x_i), \quad (i = 1, 2, \ldots, k, \ldots) \tag{2.2}$$

(2.2) 式で，任意の x について

$$F(x) = \Pr(X \leq x) = \sum_{x_i \leq x} p(x_i) \tag{2.3}$$

を考え，これをこの分布の（累積）分布関数とよぶ．上のジャンケンの例のように，X は可算無限個の値をとりうる．

一般に k 個の確率変数に対応する離散型確率分布を考えることもできる（後にあげる多項分布参照）．ここでは，後の必要性も考え $k = 2$ の場合を中心に述べておく．

2つの確率変数 X, Y についての離散的な確率分布は X が値 x_i を，Y が値 y_j をとる確率として

$$\Pr(X=x_i, Y=y_i) = p_{ij}, \quad (i=1,2,\cdots,r \,;\, j=1,2,\cdots c) \tag{2.4}$$

と表せる．これを変数 X と Y の同時分布（joint distribution）とよぶ．有限個の値をとる確率分布としては表 2-6 のように表される．

表 2-6 X と Y の同時分布

$X \setminus Y$	y_1	y_2	$\cdots$	y_c	X の同時分布
x_1	p_{11}	p_{12}	$\cdots$	p_{1c}	$p_{1\cdot}$
x_2	p_{21}	p_{22}	$\cdots$	p_{2c}	$p_{2\cdot}$
$\vdots$	$\vdots$	$\vdots$	$\vdots$	$\vdots$	$\vdots$
x_r	p_{r1}	p_{r2}	$\cdots$	p_{rc}	$p_{r\cdot}$
Y の同時分布	$p_{\cdot 1}$	$p_{\cdot 2}$	$\cdots$	$p_{\cdot c}$	1

ここで

$$\Pr(X=x_i) = \sum_{j=1}^{c} p_{ij} = p_{i\cdot}, \quad (i=1,2,\cdots,r)$$
$$\Pr(Y=y_j) = \sum_{i=1}^{r} p_{ij} = p_{\cdot j}, \quad (j=1,2,\cdots c)$$

であるが，それぞれを周辺分布とよぶ．さらに，

$$\begin{aligned}\Pr(X=x_i, Y=y_j) &= \Pr(X=x_i)\Pr(Y=y_j), \\ (i&=1,2,\cdots,r \,;\, j=1,2,\cdots c)\end{aligned} \tag{2.5}$$

すなわち

$$p_{ij} = p_{i\cdot} p_{\cdot j}$$

と書けるとき，確率変数 X と Y は独立であるという．

例 2.4 同時分布の例

コインとサイコロを同時に投げる．X がコインの表 (1)，裏 (0) を表し，Y がサイコロの目を表す変数であるとき，X と Y の同時分布は表 2-7 のように表される．X と Y の間には (2.5) 式の関係があり，X と Y は独立である．

表 2-7　X と Y の同時分布

$X \setminus Y$	1	2	3	4	5	6	計
0	1/12	1/12	1/12	1/12	1/12	1/12	1/2
1	1/12	1/12	1/12	1/12	1/12	1/12	1/2
計	1/6	1/6	1/6	1/6	1/6	1/6	1

さらに，3つの確率変数 X, Y, Z については等式

$$\Pr(X = x_i, Y = y_j, Z = z_k) = \Pr(X = x_i)\Pr(Y = y_j)\Pr(Z = z_k)$$

が成り立つときに，これらの変数は独立であるという．このことは一般に n 個の確率変数 $X_1, X_2, \ldots, X_n$ の独立についてもいえる．

実験や観測の結果として数値データが得られるが，これは母集団-標本の枠組みの中では標本の実現値である．これに対し，データを生成する源泉である母集団を規定するのが母集団モデルとしての確率分布であり，この分布法則（確率分布）にしたがってデータが生成されることになる．

第 1 章でデータを要約し特徴づけるものとして平均や分散をあげたが，母集団の確率分布にも分布を特徴づけるものとして分布の特性量が定義される．

🍃 積率，期待値

確率分布を特徴づける概念に積率（モーメント，moment）がある．これは次のように定義される．ここで，和は X のとりうるすべての値に対してとられる．

$$E(X^k) = \sum x_i^k p(x_i). \tag{2.6}$$

これを原点の回りの k 次の積率とよんでいる．特に $k = 1$ の場合が重要で，確率変数 X の期待値（expectation）とよばれ，分布の中心的位置を表す指標となっている (2.7)．期待値は確率分布の平均であって，データの平均と区別して母平均ともよばれる．

$$E(X) = \sum x_i p(x_i). \tag{2.7}$$

分布の平均を $m = E(X)$ とおいたとき，確率変数 X の平均 m からの偏差 $X - m$ の k 乗について

$$E[(X - m)^k] = \sum (x_i - m)^k p(x_i) \tag{2.8}$$

を平均の回りの k 次の積率とよぶ．特に $k = 2$ の場合は下の (2.9) 式にあげる分散である．

分布の積率を知ることは分布を記述し，理解するのに役立つ．1次の積率は分布の中心についての情報を与えてくれ，平均の回りの2次の積率（分散）は分布の中心部への集中度を示してくれる．また，1.3節にあげた歪度や尖度も与えられた確率分布に対して上の形の積率から定義される．

平均の周りの2次の積率は確率変数 X の分散 $V(X)$ とよばれ，次のように定義される．

$$V(X) = E[(X - E(X))^2] \tag{2.9}$$

ところで，確率変数 X の関数 $g(X)$ を考えると，$g(X)$ も確率変

数で，その期待値は次のように定義される．この場合も，和は X のとりうるすべての値に対しとられる．

$$E(g(X)) = \sum g(x_i)p(x_i). \tag{2.10}$$

$g(X) = aX + c$ （a, c は定数）のとき（2.10）式から

$$E(g(X)) = E(aX + c) = aE(X) + c$$

が示される．なお，$m = E(X)$ とおき，$g(X) = (X - m)^2$ とすると，期待値 $E(g(X))$ は（2.9）式の X の分散で，

$$V(X) = E[(X - m)^2] = \sum (x_i - m)^2 p(x_i) = \sum x_i^2 p(x_i) - m^2.$$

すなわち，分散は

$$V(X) = E(X^2) - (E(X))^2 \tag{2.11}$$

と書ける．分散の正の平方根 $\sqrt{V(X)}$ を標準偏差とよぶ．

例 2.5 表 2-4 のジャンケンの平均決着回数と分散

表 2-4 の確率分布を使って

$$E(X) = 1 \times (2/3) + 2 \times (2/9) + 3 \times (2/27) + \cdots = 1.5$$
$$V(X) = 1^2 \times (2/3) + 2^2 \times (2/9) + 3^2 \times (2/27) + \cdots - (1.5)^2$$
$$= 3/4$$

（関連：章末コラム「四捨五入と誤差」）

例 2.6

例 2.1 のコイン投げの例で，表の数 X の値にしたがって金額 10 円を支払うとすると，$g(X) = 10X$ で，期待値 $E(X)$，$E(g(X))$ は表 2-3 を用いてそれぞれ次のように与えられる．

$$E(X) = 0 \times (1/32) + 1 \times (5/32) + \cdots + 5 \times (1/32) = 2.5.$$

また $E(g(X)) = 10E(X) = 25$ である．さらに，分散 $V(X)$ は次のように計算される．

$$V(X) = 0^2 \times (1/32) + 1^2 \times (5/32) + \cdots + 5^2 \times (1/32) - 2.5^2$$
$$= 1.25.$$

$g(X) = 10X$ なので，(2.11) 式から $V(g(X)) = 100V(X) = 125$ である．（関連：章末コラム「四捨五入と誤差」）

2 変数 X, Y の確率分布 (2.4) 式の場合には X の周辺分布の平均と分散は次のように定義される．

$$E(X) = \sum_{i=1}^{r} \sum_{j=1}^{c} x_i \Pr(X = x_i, Y = y_j) = \sum_{i=1}^{r} x_i p_{i\cdot}$$

$$\begin{aligned} V(X) &= E[(X - E(X))^2] \\ &= \sum_{i=1}^{r} \sum_{j=1}^{c} (x_i - E(X))^2 \Pr(X = x_i, Y = y_j) \\ &= \sum_{i=1}^{r} (x_i - E(X))^2 p_{i\cdot} = \sum_{i=1}^{r} x_i^2 p_{i\cdot} - E(X)^2. \end{aligned}$$

Y についても同様である．

また，関数 $g(X, Y)$ を考えると $g(X, Y)$ も確率変数で，この期待値 $E[g(X, Y)]$ が次のように定義される．

$$E[g(X, Y)] = \sum_{i=1}^{r} \sum_{j=1}^{c} g(x_i, y_j) p_{ij} \qquad (2.12)$$

ここで，X と Y の周辺分布の平均を $m_x = E(X)$, $m_y = E(Y)$

とおいたとき

$$
\begin{aligned}
E[(X-m_x)(Y-m_y)] &= E(XY) - m_x m_y \\
&= \sum_{i=1}^{r}\sum_{j=1}^{c} x_i y_j p_{ij} - m_x m_y
\end{aligned}
\quad (2.13)
$$

を X と Y の共分散（covariance）とよび，通常 $\mathrm{Cov}(X,Y)$ と書く．

分散と共分散を用いて相関係数が次のように定義される．

$$\rho(X,Y) = \frac{\mathrm{Cov}(X,Y)}{\sqrt{V(X)V(Y)}}. \quad (2.14)$$

確率変数 X と Y が互いに独立のとき (2.5) 式から $p_{ij} = p_{i\cdot} p_{\cdot j}$ なので (2.12) から

$$E(XY) = \sum_{i=1}^{r}\sum_{j=1}^{c} x_i y_j p_{ij} = \sum_{i=1}^{r}\sum_{j=1}^{c} x_i y_j p_{i\cdot} p_{\cdot j} = E(X)E(Y)$$

すなわち

$$E(XY) = E(X)E(Y) \quad (2.15)$$

となる．したがって，式 (2.13) から共分散 $\mathrm{Cov}(X,Y) = 0$ となり，相関係数については $\rho(X,Y) = 0$ となる．

いくつかの離散分布

私たちは実生活の中で様々な現象や課題に相対するが，一見まったく異なるように見える現象や課題の中に共通する因子や統一的に説明できると思われる要素を見いだせることがある．それらをとりまとめ，整理した中から生まれた離散型確率変数の確率分布の例をあげておく．

・ベルヌーイ分布（Bernoulli distribution）

2分岐的な現象が，ある確率（割合）で起こる（成功）か起こらない（失敗）かが示される現象をベルヌーイ試行といい，この試行の表す分布をベルヌーイ分布とよぶ．コインを投げ表が出るか裏が出るか，サイコロを投げ1の目が出るか1の目以外が出るか，ある商品を持っているかいないかなど，ある属性の生起の有無をある確率（割合）で示す現象がベルヌーイ試行である．

ベルヌーイ分布は次の確率変数で表される．

$$X = \begin{cases} 1, & \text{確率 } p, \\ 0, & \text{確率 } 1-p. \end{cases} \qquad (2.16)$$

コインを k 回投げた結果をベルヌーイ試行の列 $X_1, X_2, \ldots, X_k$ で表せば，これは成功（1）と失敗（0）による0と1の数値列となっている．

・幾何分布（geometric distribution）

互いに独立なベルヌーイ試行の列 $X_1, X_2, X_3, \ldots$ において，失敗が $k-1$ 回連続して続き，k 回目に成功するときの確率の分布を幾何分布とよぶ．例2.2にあげたジャンケンで決着がつくまでの回数はこの確率分布にしたがう．

確率分布は次のように表わされる．

$$\Pr(X=k) = p(1-p)^{k-1}, \quad k=1,2,3,\ldots \qquad (2.17)$$

この分布の平均は $\dfrac{1}{p}$，分散は $\dfrac{1-p}{p^2}$ である．

・二項分布（binomial distribution）

互いに独立な n 回のベルヌーイ試行の列の中で，成功の回数を表す確率変数を X とおくとき，X の分布は二項分布とよばれる．例2.1にあげたコインを5回投げるケースは二項分布で説明できる．

n 回の試行の中で x 回が成功，残りの $n-x$ 回が失敗の確率は $p^x(1-p)^{n-x}$ で，これに表 2-3 のところで述べたような x 回の成功と $n-x$ 回の失敗の並び方の数を掛けて二項分布が得られる．次のように表される．

$$\Pr(X=x) = \frac{n!}{x!(n-x)!} p^x (1-p)^{n-x}, \quad x=0,1,2,\ldots,n \tag{2.18}$$

この分布の平均は np，分散は $np(1-p)$ である．

確率変数 X が上の形の二項分布にしたがうことを

$$X \sim B(n,p)$$

と表すことにする．

$B(n,p)$ で $n=10$，$p=0.1, 0.2, \cdots, 0.9$ の場合の確率を折れ線グラフで描いたのが図 2-2 である．$p=0.5$ のときグラフは左右対称で，p の値が 0 か 1 に近いほど左右に偏った形となっている．しかし，n の値が大きい場合には事情が異なっていて，p の値が小さい場合にも正規型の分布形が得られる．これについては，その場合のグラフも含め 2.4 節（二項分布の正規近似）でふれる．

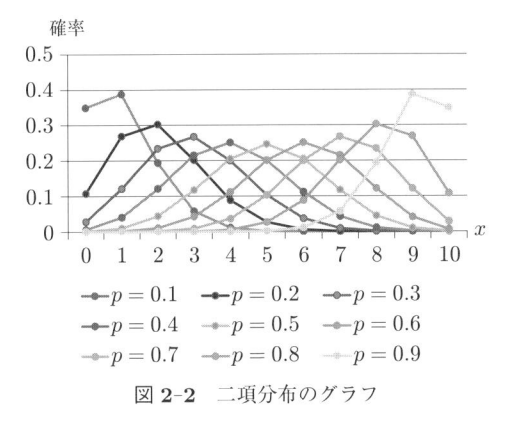

図 2-2 二項分布のグラフ

例 2.7

各問に 4 つの解答が準備されており，そのうち 1 つが正解という 4 分岐式の問題が 16 問与えられている．これらの設問に，鉛筆やサイコロを転がしてデタラメに解答するものとする．デタラメに解答してどの位の正解が得られるか，その値の範囲はどの位なのかといったことに興味が持たれるが，表 2-8 はこのような実験を計算機上で実現した（シミュレーションの）結果である．500 回の実験の結果が観測度数の欄にあげてある．

これに対し母集団モデルとしては $n = 16$, $p = 1/4$ の二項分布 $B(16, 1/4)$ が対応し，この分布から得られた確率による度数が期待度数の欄である．この分布の平均は $np = 4$，分散は $np(1-p) = 3$ である．

表 2-8 シミュレーション結果と二項分布

正解数	0	1	2	3	4	5	6	7	8	9	10	11	12	計
観測度数	9	24	66	99	112	98	54	24	9	3	1	1	0	500
期待度数	5	27	67	104	112	90	55	26	10	3	1	0	0	500

二項分布は離散型分布の代表的な分布で，実用上も頻繁に用いられている．ただ，式の中に階乗が含まれるため，計算はかなり面倒で，たとえば正常なコインを 100 回投げて表が 50 回出る確率は

$$P = \frac{100!}{50!\,50!} \times \left(\frac{1}{2}\right)^{100}$$

とすっきりとした形で表わされるが，数値計算は大変である．この計算には $100! \approx 9.33 \times 10^{157}$, $50! \approx 3.04 \times 10^{64}$, $2^{100} \approx 1.27 \times 10^{30}$ といった大きな数を，有効数字を保ちつつ適切に行う必要がある．このため，数値計算には次の漸化式を使ったり，後で述べる

項分布による近似を使うことが多い．

$$\Pr(X = x) = \frac{n-x+1}{x}\frac{p}{1-p}\Pr(X = x-1), \quad (2.19)$$
$$\Pr(X = 0) = (1-p)^n, \quad x = 1, 2, \ldots, n.$$

・多項分布（multinomial distribution）

二項分布を拡張した形に多項分布がある．k 個の互いに独立な事象 $E_1, E_2, \ldots, E_k$ のうち，ただ 1 つが観測されるような独立試行の列を考える．ここで，各事象の起こる確率を $p_1, p_2, \ldots, p_k$，$(\sum_{i=1}^{k} p_i = 1)$ とする．

n 回の試行の中で，$E_1, E_2, \ldots, E_k$ のそれぞれが起こる回数を確率変数 $X_1, X_2, \ldots, X_k$ で表すと，これらの変数の同時分布は次のように表される．

$$\Pr(X_1 = x_1, X_2 = x_2, \cdots, X_k = x_k) = \frac{n!}{x_1! x_2! \cdots x_k!} p_1^{x_1} p_2^{x_2} \cdots p_k^{x_k} \quad (2.20)$$

ここで，$x_i \geq 0, (i = 1, 2\ldots, k)$, $\sum_{i=1}^{k} x_i = n$ である．

また，各 i について，X_i の平均と分散は np_i と $np_i(1-p_i)$ で，X_i と X_j の共分散は $\mathrm{Cov}(X_i, X_j) = -np_ip_j, (i \neq j)$ である．

・超幾何分布（hypergeometric distribution）

この分布は標本調査に関連して例 2.3，(2.1) 式にあげた．この分布の平均は np，分散は $\frac{N-n}{N-1}np(1-p)$ と表せる．ただし，$p = M/N$ である．標本の構成や平均，分散から予想されるように，N を大きくした時，超幾何分布は二項分布で近似される．

なお，復元，非復元抽出という観点から両分布を考察してみよう．2.1 節のコラムの捕獲・再捕獲法はこの分布を用いた例である．ほかにも，不良品検査で，N を生産物のロットの大きさ，M をその中にある不良品の個数，n を標本の大きさとすると x は標本

の中の不良品の個数で，上の超幾何分布にしたがう変数である．

2.4 連続型確率分布

図 2-3 にあげたのは中学 2 年生男子の体重データのヒストグラムだが，各階級の相対度数がその階級における生徒の割合（密度）を表現している．

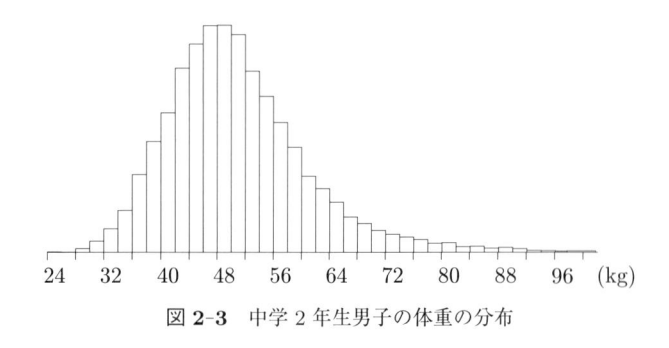

図 2-3 中学 2 年生男子の体重の分布

連続型変数の分布は区間上の「点」に対応する確率変数の分布で，身長や体重などを表す変数はこの変数にあたる．連続型の変数の分布をとらえるために確率密度関数を導入する．

確率密度関数は，ある連続型確率変数 X が与えられたとき，X のしたがう分布状態を図 2-4 のような関数 $f(x)$ で表現したものである．密度関数については

$$f(x) \geq 0, \quad \int_{-\infty}^{\infty} f(x)dx = 1$$

である．積分領域は $f(x) > 0$ の部分でよい．

離散型確率分布では X の取りうる 1 つ 1 つの離散的な値に対して確率を対応させたが，連続型の場合はそれができない．そこで，

2.4 連続型確率分布

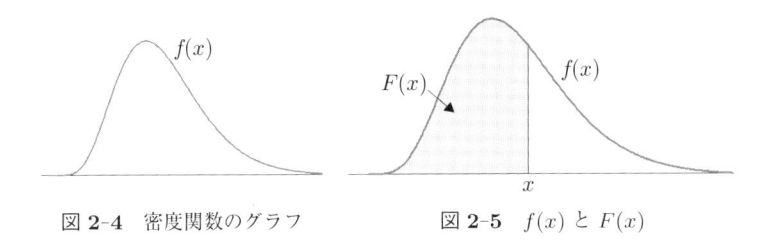

図 2-4 密度関数のグラフ

図 2-5 $f(x)$ と $F(x)$

次のような分布関数 $F(x)$ を定義し，図 2-5 のように区間の面積で確率を考える．x の取りうる値の範囲に対し，$0 \leq F(x) \leq 1$ である．分布関数 $F(x)$ を微分すると密度関数 $f(x)$ が得られる．

$$F(x) = \Pr(X \leq x) = \int_{-\infty}^{x} f(x)dx \qquad (2.21)$$

X が 2 つの値 x_1 と x_2 の間の値をとる確率は

$$\Pr(x_1 \leq X \leq x_2) = \int_{x_1}^{x_2} f(x)dx = F(x_2) - F(x_1)$$

である．これは図 2-6 のように密度関数 $f(x)$ のグレーの部分の面積に対応している．

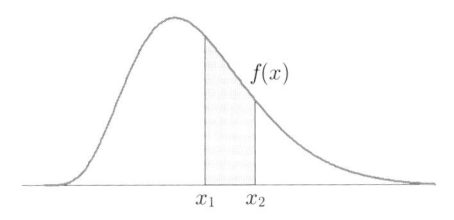

図 2-6 密度関数と区間の確率

離散型の場合と同様に k 変数の確率分布を考えることもできる．ここでは，2 つの連続型確率変数の場合をあげる．2 変数 X, Y の同時確率分布は

$$F(x, y) = \Pr(X \leq x, Y \leq y) = \int_{-\infty}^{x} \int_{-\infty}^{y} f(x, y)dxdy \qquad (2.22)$$

と表される．これを同時分布関数とよぶ．

2変数の同時分布は，たとえば成人男子の身長 X と体重 Y を同時に考え，身長と体重がそれぞれある値以下 $(X \leq x_0, Y \leq y_0)$ の割合を考えていることなどに対応している．

$f(x,y)$ は変数 X と Y の同時密度関数とよばれ，X と Y の周辺分布はそれぞれ

$$\Pr(X \leq x) = F_1(x) = \int_{-\infty}^{x} \int_{-\infty}^{\infty} f(x,y) dx dy,$$

$$\Pr(Y \leq y) = F_2(y) = \int_{-\infty}^{\infty} \int_{-\infty}^{y} f(x,y) dx dy$$

となる．任意の x と y について

$$F(x,y) = F_1(x) F_2(y) \qquad (2.23)$$

が成り立つとき確率変数 X と Y は互いに独立であるという．2変数確率分布の例として2次元正規分布をあげた（(2.40) 式参照）．

積率，期待値

離散型確率変数の場合と同様に，原点の回りの k 次の積率を次のように定義する．連続型の確率変数 X と密度関数 $f(x)$ に対し，

$$E(X^k) = \int_{-\infty}^{\infty} x^k f(x) dx. \qquad (2.24)$$

なお，$f(x)$ は x の任意の区間に対して定義されているが，密度関数なのでその他の区間では $f(x) = 0$ となっている．したがって，積分区間は上に書いた形で構わない．

$k = 1$ の場合は，X の期待値，あるいは平均とよばれる．

$$E(X) = \int_{-\infty}^{\infty} x f(x) dx. \qquad (2.25)$$

$f(x)$ の平均 $E(X)$ を μ とおいたとき，平均の回りの k 次の積率は

$$E[(X-E(X))^k] = \int_{-\infty}^{\infty}(x-\mu)^k f(x)dx. \qquad (2.26)$$

$k=2$ の場合に分散とよばれ，次のように表される．

$$V(X) = E[(X-E(X))^2] = E(X^2) - (E(X))^2. \qquad (2.27)$$

分散の平方根 $\sqrt{V(X)}$ を標準偏差とよぶ．

さらに，確率変数 X の関数 $g(X)$ を考えると，$g(X)$ の期待値は次のように定義される．

$$E(g(X)) = \int g(x)f(x)dx. \qquad (2.28)$$

2 変数 X, Y の確率分布 (2.22) 式の場合，関数 $g(X,Y)$ を考えると期待値は

$$E[g(X,Y)] = \int\int g(x,y)f(x,y)dxdy$$

である．ここで $\mu_x = E(X)$, $\mu_y = E(Y)$ とおくと X の平均と分散は次のように定義される．Y についても同様である．

$$E(X) = \int_{-\infty}^{\infty}\int_{-\infty}^{\infty} xf(x,y)dxdy,$$
$$V(X) = E[(X-E(X))^2] = \int_{-\infty}^{\infty}\int_{-\infty}^{\infty}(x-\mu_x)^2 f(x,y)dxdy.$$

X と Y の共分散は次のように定義される．

$$\begin{aligned}\mathrm{Cov}(X,Y) &= E[(X-\mu_x)(Y-\mu_y)] = E(XY) - \mu_x\mu_y \\ &= \int_{-\infty}^{\infty}\int_{-\infty}^{\infty} xyf(x,y)dxdy - \mu_x\mu_y.\end{aligned} \qquad (2.29)$$

X と Y が互いに独立のときには共分散は 0 となる．なお，これらの結果を使って相関係数が (2.14) 式のように定義される．

なお，離散型分布，連続型分布を問わず，2 次元同時分布にした

がう確率変数 X と Y について次のことがいえる．

$$E(X \pm Y) = E(X) \pm E(Y), \quad \text{(複号同順)} \tag{2.30}$$

$$V(X \pm Y) = V(X) + V(Y) \pm 2\mathrm{Cov}(X, Y). \quad \text{(複号同順)} \tag{2.31}$$

また，X と Y が互いに独立のときには $E(XY) = E(X)E(Y)$ となるので $\mathrm{Cov}(X, Y) = 0$ で，

$$V(X \pm Y) = V(X) + V(Y). \tag{2.32}$$

相関係数も $\rho(X, Y) = 0$ である．

なお，これまでに述べたことから，一般に n 個の確率変数 X_1, $X_2, \ldots, X_n$ と定数 $c_1, c_2, \ldots, c_n$ に対し，次の関係が成り立つ．

$$\begin{aligned} &E(c_1 X_1 + c_2 X_2 + \cdots + c_n X_n) \\ &= c_1 E(X_1) + c_2 E(X_2) + \cdots + c_n E(X_n). \end{aligned} \tag{2.33}$$

さらに確率変数 $X_1, X_2, \ldots, X_n$ が互いに独立ならば次の関係が成り立つ．

$$\begin{aligned} &V(c_1 X_1 + c_2 X_2 + \cdots + c_n X_n) \\ &= c_1^2 V(X_1) + c_2^2 V(X_2) + \cdots + c_n^2 V(X_n). \end{aligned} \tag{2.34}$$

🌿 いくつかの連続分布

・正規分布（normal distribution）

　連続型変数の分布の中で最もよく見られ，また用いられるのが正規分布で，身長の分布のようにこの分布にしたがう事例は多い．正規分布は，後であげるように離散型変数を含む多くの母集団モデルにかかわりを持ち，さらに統計的推定や検定の問題を考える場合に

も，そこで扱う様々な統計量の分布や評価に関連して現れる重要な分布である．

正規分布の密度関数は次のように表される．

$$f(x) = \frac{1}{\sqrt{2\pi}\sigma} e^{-\frac{(x-\mu)^2}{2\sigma^2}}. \tag{2.35}$$

積率の定義の式にしたがって計算すると，この分布の平均は μ，分散は σ^2（標準偏差 σ）で，この 2 つの値によって分布の形が決まる．μ, σ^2 をこの分布の母数 (パラメータ，parameter) とよぶが，平均 μ，分散 σ^2 の正規分布を $N(\mu, \sigma^2)$ によって表し，確率変数 X が平均 μ，分散 σ^2 の正規分布にしたがうことを

$$X \sim N(\mu, \sigma^2)$$

と書くことにする．

正規分布は μ を中心とした左右対称の形をしており，σ が分布の広がりを表す単位となっていて，図 2-7 のような形を持っている．確率分布なので密度関数の下の面積は 1 であるが，$\mu \pm \sigma$ の範囲の面積は全体の 0.683，$\mu \pm 2\sigma$ の面積は 0.954，そして，$\mu \pm 3\sigma$ の範囲の面積は 0.997 である．

正規分布 $N(\mu, \sigma^2)$ において，s をある正の値としたとき，区間 $[\mu - s\sigma, \mu + s\sigma]$ の面積は

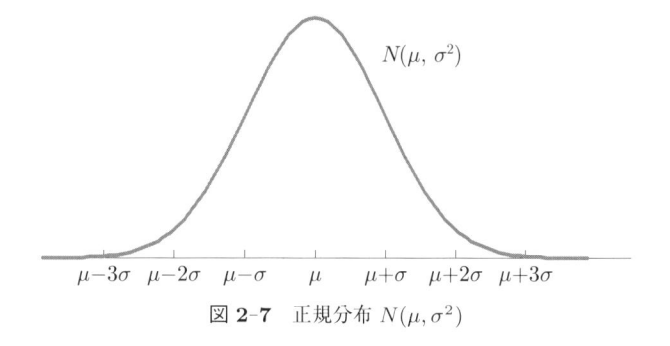

図 2-7　正規分布 $N(\mu, \sigma^2)$

$$I = \int_{\mu-s\sigma}^{\mu+s\sigma} \frac{1}{\sqrt{2\pi}\sigma} e^{-\frac{(x-\mu)^2}{2\sigma^2}} dx$$

と表されるが，変数変換 $z = (x-\mu)/\sigma$ によって，上の確率は平均 0 分散 1 の正規分布を用いて

$$I = \int_{-s}^{s} \frac{1}{\sqrt{2\pi}} e^{-\frac{z^2}{2}} dz$$

と書かれ，σ が分布の広がりの単位となっていることがわかる．[3]

平均 0 分散 1 の正規分布 $N(0,1)$ を標準正規分布 (standard normal distribution) とよび，変換

$$z = \frac{x-\mu}{\sigma} \tag{2.36}$$

によってできる z を標準化変量とよんでいる．このことから任意の正規分布 $N(\mu, \sigma^2)$ の区間 $[a, b]$ の面積（確率）は $N(0, 1)$ における区間 $[(a-\mu)/\sigma, (b-\mu)/\sigma]$ の面積（確率）に対応していることがわかる．

正規分布の確率は最近はパソコンソフトを用いて容易に求められるが，標準正規分布 $N(0, 1)$ の数表（巻末の正規分布表）を使って上述の手続きで求めることも一般的である．

正規分布表は $N(0,1)$ の分布の点 x $(x > 0)$ の左側の部分の確率で表されているが，分布が左右対称である（したがって，平均 0 の左右の部分の確率は 0.5 である）ことと，上にあげた標準化を用いて確率を求める．

例 2.8

正規分布確率を求める（図 2-8 参照）．

---

[3] 母数 μ は分布の左右への動きに関わり，位置母数 (location parameter) とよばれる．σ は分布の広がり（散らばり）に関係し，尺度母数 (scale paramter) とよばれる．この表現は他の分布の場合にも使われる．

2.4 連続型確率分布　45

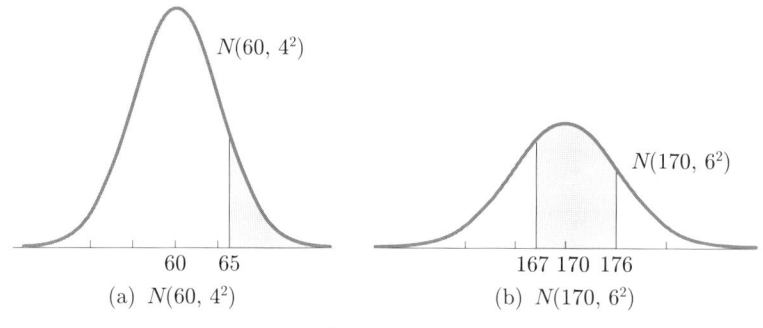

図 2-8　正規分布の確率（グラフ）

(1) $X \sim N(60, 4^2)$ のとき $X \geq 65$ の部分の確率
(2) $X \sim N(170, 6^2)$ のとき $167 \leq X \leq 176$ の部分の確率

これらの確率は図 2-8 のグレーの部分の面積に対応している．正規分布表を使って次のように計算する．

(1) 標準化 $Z = (X - 60)/4$ によると，$Z \sim N(0,1)$ となり，$X \geq 65$ は $N(0,1)$ の $Z \geq 1.25$ の部分の確率（付表 1 より，0.8944）に対応．したがって，$P = 1 - 0.8944 = 0.1056$．

(2) 標準化 $Z = (X - 170)/6$ によると，$Z \sim N(0,1)$ となり，$167 \leq X \leq 176$ は $N(0,1)$ の $-0.5 \leq Z \leq 1.0$ の部分の確率に対応．分布の対称性を考慮し，付表 1 から $P = 0.8413 - (1 - 0.6915) = 0.5328$．

・一様分布（uniform distribution）

一様分布 $U(a,b)$ は矩形分布ともよばれ，次の密度関数 $f(x)$ を持つ．

$$f(x) = \begin{cases} \dfrac{1}{b-a}, & a \leq x \leq b \text{ のとき} \\ 0, & \text{その他} \end{cases} \tag{2.37}$$

一様分布の平均は $\dfrac{a+b}{2}$,分散は $\dfrac{(b-a)^2}{12}$ である.

・指数分布(exponential distribution)

尺度母数 b (>0) を持つ指数分布の密度関数 $f(x)$(ただし $x \geq 0$)は次のように表される.

$$f(x) = \frac{1}{b}\exp\left(-\frac{x}{b}\right), \tag{2.38}$$

指数分布の平均は b,分散は b^2 である.

・対数正規分布(lognormal distribution)

確率変数 X $(X>0)$ の自然対数 $\ln X$ が正規分布にしたがうとき,変数 X は対数正規分布にしたがうという.密度関数 $f(x)$ は次のように与えられる.

$$\begin{aligned}f(x) &= \frac{1}{\sqrt{2\pi}\sigma x}\exp\left\{\frac{-(\ln(x/m))^2}{2\sigma^2}\right\} \\ &= \frac{1}{\sqrt{2\pi}\sigma x}\exp\left\{\frac{-(\ln x - \mu)^2}{2\sigma^2}\right\}.\end{aligned} \tag{2.39}$$

ここで $\ln X$ の平均 μ と,X の中央値 m は $m = \exp\mu$(あるいは $\mu = \ln m$)という関係にある.

この分布の平均は $m\exp\left(\dfrac{1}{2}\sigma^2\right)$,分散は $m^2\omega(\omega-1)$,また中央値は m である.ただし,$\omega = \exp(\sigma^2)$.

・2 次元正規分布(two-dimensional normal distribution)

2つの確率変数 X, Y を持つ分布で,同時密度関数が次の形の分布を 2 次元正規分布とよぶ.

$$\begin{aligned}f(x,y) &= \frac{1}{2\pi\sigma_x\sigma_y\sqrt{1-\rho^2}} \\ &\times \exp\left\{-\frac{1}{2(1-\rho^2)}\left(\frac{(x-\mu_x)^2}{\sigma_x^2} - 2\rho\frac{(x-\mu_x)(y-\mu_y)}{\sigma_x\sigma_y} + \frac{(y-\mu_y)^2}{\sigma_y^2}\right)\right\}\end{aligned} \tag{2.40}$$

図 2-9 二項分布

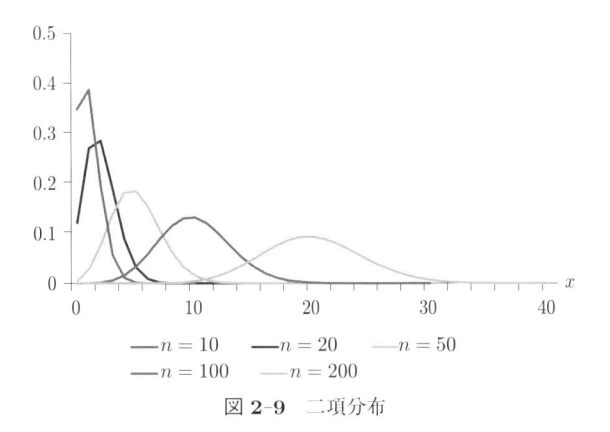

X と Y の平均と分散はそれぞれ (μ_x, σ_x^2),(μ_y, σ_y^2) で，ρ は相関係数とよばれ，$\rho = \mathrm{Cov}(X,Y)/(\sigma_x \sigma_y)$ である．

二項分布の正規近似

二項分布 (2.18) 式によって表される事象の確率を求めるとき，n の値によってはかなり大変な作業が必要とされる．このことについては二項分布の項で述べ，(2.19) 式には漸化式をあげたが，この式による計算も実際にはかなり大変である．

二項確率を実際に計算すると，$p = 1/2$ のときは左右対称な形で分布し，p の値が 0 や 1 に近い値のときでも n の値を大きくすると正規型の分布が見えてくる．図 2-9 は $p = 0.1$,$n = 10, 20, 50$,$100, 200$ の場合を同じ図上に折れ線で描いたものだが，n の値が大きいときには上で述べた状況が見えてくることがわかる．

二項分布 $B(n,p)$ にしたがう確率変数 X について，n が十分大きいときには X についての標準化変量 $Z = (X - \mu)/\sqrt{np(1-p)}$ は標準正規分布によって近似され，

$$Z = \frac{X - np}{\sqrt{np(1-p)}} \sim N(0,\ 1) \qquad (2.41)$$

である．実際に二項確率 $P(X = x)$ の値を求めるには，連続型確率分布 $N(np, np(1-p))$ の区間 $(x-1/2, x+1/2)$ の確率を対応させて計算する．

正規分布による近似は p の値に対し $p \leq 0.5$ のとき $np > 5$，$p > 0.5$ のとき $n(1-p) \geq 5$ を満たす n であればほぼ十分とされている．

例 2.9

例 2.7 による 16 問へのランダム解答の例で近似を見てみよう．表 2-8 では各問 4 分岐で，そのうち 1 つが正解の問題にデタラメに解答するということで $p = 1/4$ であった．これに平均 $np = 4$，分散 $np(1-p) = 3$ の正規分布を当てはめてみる．結果を表 2-9 にあげた．上にあげた基準より n の値は小さいが，それでもかなり良い近似がみられる．

表 2-9 二項分布の正規近似

正解数	$B(16, 1/4)$	$N(4, (\sqrt{3})^2)$
0	0.0100	0.0217
1	0.0535	0.0528
2	0.1336	0.1188
3	0.2079	0.1932
4	0.2252	0.2272
5	0.1802	0.1932
6	0.1101	0.1188
7	0.0524	0.0528
8	0.0197	0.0170
9	0.0058	0.0039
10	0.0014	0.0007
11	0.0002	0.0001

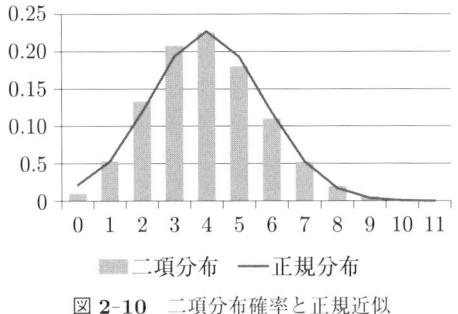

図 2-10　二項分布確率と正規近似

第 4 章以降，比率の推定や検定の問題を扱う中で正規近似を利用する場合が多いことを記しておく．

問 2.1

二項分布 (2.18) の平均と分散を求めよ．

問 2.2

一様分布 (2.37) の平均と分散を求めよ．

問 2.3

平均 μ 分散 σ^2 の母集団からの無作為標本 $X_1, X_2, \ldots, X_n$ について，

$$\bar{X} = \sum_{i=1}^{n} X_i, \quad S^2 = \frac{1}{n} \sum_{i=1}^{n} (X_i - \bar{X})^2$$

とおくと

$$E(\bar{X}) = \mu, \quad E(S^2) = \frac{n-1}{n} \sigma^2$$

となることを示せ．

四捨五入と誤差　　コラム

　ある商店で通貨1円の取り扱いが面倒だからと買い物価格の1桁目を四捨五入し，たとえば，1,253円の買い物は1,250円（店がマイナス），886円の買い物は890円（客がマイナス）のように，買い物額を10円単位で扱うことにした．何人もの客に対応したとき，このことによって生ずる店の損得の大きさ（誤差）はどうなるだろうか．

　買い物額の末尾の値が0〜4のときは四捨五入で0とされ，5〜9のときは10とされ1桁繰り上がる．買い物額との誤差を

「四捨五入による誤差 ＝ 四捨五入した金額 − もとの金額」

とすると，誤差は

$$0,\ -1,\ -2,\ -3,\ -4,\ 5,\ 4,\ 3,\ 2,\ 1$$

となる．購入額は客ごとにランダムと考えられるので，−4から5までの値は一様な確率1/10でとられるとしてよい．この平均と分散，標準偏差は2.3節の積率の式を使って次のようになる．

$$\text{平均}: 0.5, \quad \text{分散}: \frac{33}{4}, \quad \text{標準偏差}: 2.872.$$

　客がn人いる場合には，四捨五入による誤差の和Yの平均と標準偏差は，次のようになる．

$$\text{平均}: E(Y) = \frac{n}{2}, \quad \text{標準偏差}: \sqrt{V(Y)} = \sqrt{\frac{33n}{4}}.$$

　客の人数nが大きければ中心極限定理（3.3節）によってYはこの平均と分散を持つ正規分布にしたがう．この結果，たとえば客の数が500人のとき，誤差は平均250円，標準偏差64.2円の正規分布にしたがう．

　なお，平均±1.96×標準偏差 が95%信頼区間（4.2節）なので，1日500人の客では店側が平均250円のプラスで，変動幅は95%の確率で124〜376円である．

　なお，客側に有利にするには，たとえば五捨六入とすればよい．

第 3 章

標本分布

　母集団から抽出された無作為標本にもとづく平均や，分散などを一般に統計量とよぶが，この挙動に関する情報を示してくれるのが標本分布であり，統計的推定，検定の問題を考える上で重要な役割を果たしている．

　標本分布は少しわかりにくい点があるので，本章ではまず経験的に標本分布をとらえることから出発する．つぎに，正規母集団からとられた無作為標本によって作られた標本平均や標本分散などの標本分布を考察する．最後に，後の章で必要とされるより一般的な場合の標本分布の形を提示したい．

3.1 標本分布

母集団と標本という枠組みの中で，母集団からとられた大きさ n の無作為標本 $X_1, X_2, \ldots, X_n$ によって母集団についての情報を得るということが統計的推測の構造である．もう少し具体的に言うと，標本 $X_1, X_2, \ldots, X_n$ によって作られる関数 $T = T(X_1, X_2, \ldots, X_n)$ から母集団モデルについての情報を知ろうとすることである．ここで，T のことを一般に統計量（statistic）とよんでいる．標本分布（sampling distribution）はこの統計量に関連して用いられるが，以下で具体例を通して考えてみる．

ある河川のある地点での水量を調べてみる．水量は日々変化しているが，1年を通してその地点での最大水量は測ることができる．さらに，同じことを毎年記録していくこともできる．実際，国土交通省のサイト[1]で調べると，多くの河川の観測地点で過去数十年の毎年の最大水量の値を知ることができる．このことをもう少し敷衍して言えば，ある地点における年間の最大水量を調べていくと，その地点における最大水量の「分布」がわかる．この分布を知ることは，その地点での防災上の——たとえば100年に一回の水量にたえる堤防の高さの——貴重な情報を得ることにつながる．この分布が，この場合は観測値にもとづく最大水量の標本分布である．

別の例として，今年卒業した大学生の初任給の平均はどの程度かを考えてみる．全体で何十万人かの卒業生がいるが，一人ひとりの初任給の額は，低いものから高いものまで様々で，この総体が初任給の母集団を構成している．仮にこれらの人の中から100人の卒業生を無作為に抽出し，その平均 $\bar{x}$ を求めると，この値は後で述

---

[1] http://www.river.go.jp

べることになるが，母集団全体の平均（母平均）の値の推定値である．

ではさらに，同じ母集団に対してこのような抽出と調査を繰り返したらどうだろうか．何十万人の中から100人を抽出する場合の選び方は膨大な数にのぼるが，抽出されたそれぞれの場合に対して平均の値（推定値）が存在し，これらの値をまとめていけばそこに平均値の分布が見えてくるであろう．標本分布とはこれらの総体によって作られる分布のことをいっている．

もう1つ，比率の場合を考えてみよう．いま，日本全国，1億人の有権者に対し内閣支持率を調べる標本調査を行うとする．

日本では様々な新聞社によって定期的に内閣支持率調査が行われているが，通常はほぼ1,000～3,000人の大きさの標本について，内閣を支持するか否かを調査し，母集団（有権者全体）についての支持率を推定している．そこで次のように考えてみる．ある時期に，各新聞社が同じ大きさ n の無作為標本によって一斉に支持率調査を行ったとしたらどうなるだろうか．このとき，新聞社Aは母集団支持率の推定値 $\hat{p}_1$ を得，新聞社Bは推定値 $\hat{p}_2$ を得…ということになる．実際には調査する新聞社の数はそれほど多くないのだが，仮に数百の新聞社が調査したとすれば，それらの1つ1つの結果に支持率が対応している．このように，母集団から大きさ n の標本を抽出し推定値（支持率）を得たとき，これらは色々な値をとりうるが，それらの総体によって作られる分布を $\hat{p}$ の標本分布という．

推定すべき母集団の母数（母平均や母集団比率）はただ1つしかないが，標本平均や標本比率は得られた標本ごとに対応して存在している．そのために標本分布という考え方が生まれることになる．

以上，標本分布について経験的，直観的な説明をしてきたが，例

として取り上げた最大値や標本平均，標本比率のほかにもいろいろな統計量について標本分布が存在する．それらは統計量に応じてたとえば，標本分散の標本分布，中央値の標本分布などとよばれる．標本分布はそれぞれの標本（データ）のしたがう確率分布と，統計量によって理論的な形が決まり，すべての場合にその形がすっきりと求められるものでもないが，統計的推定，検定の問題では重要な役割を果たしている．

標本分布の正確な形をサイコロ投げの例から見てみよう．サイコロを 2 回投げた結果を変数 X_1，X_2 によって表し，その平均 $\bar{X} = (X_1 + X_2)/2$ の分布を求めてみる．X_1 と X_2 はそれぞれ 1 から 6 までの値をとるので目の和 $W = X_1 + X_2$ の分布は 1 回目と 2 回目の結果の 36 通りの組 (X_1, X_2) を数えることから求められる．これから平均 $\bar{X}$ の分布が表 3-1 のように得られる．

表 3-1 サイコロを 2 回投げたときの目の平均の分布

$\bar{X}$	1.0	1.5	2.0	2.5	3.0	3.5	4.0	4.5	5.0	5.5	6.0
確率	$\frac{1}{36}$	$\frac{2}{36}$	$\frac{3}{36}$	$\frac{4}{36}$	$\frac{5}{36}$	$\frac{6}{36}$	$\frac{5}{36}$	$\frac{4}{36}$	$\frac{3}{36}$	$\frac{2}{36}$	$\frac{1}{36}$

サイコロを投げる回数が多くなければ，このようにしてサイコロを投げたときの目の平均についての標本分布を求めることができる．実際に 5 回投げた場合と 10 回投げた場合の平均の分布を図 3-1 にあげる．いずれもきれいな対称形の分布が得られているが，投げる回数が大きい場合には，3.3 節で述べる内容によって，標本平均の分布が正規分布で近似されることが知られている．

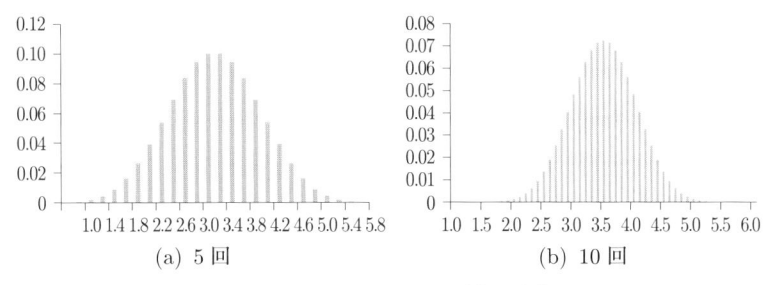

図 3-1 サイコロの目の平均の分布

3.2 正規母集団からの無作為標本

2.4 節で正規分布をよく用いられる母集団モデルの 1 つとしてあげたが，正規分布については様々な性質が調べられている．前節では母集団からの標本にもとづく標本分布を例を用いて経験的，直観的に説明してきた．また，サイコロ投げの結果を通して標本平均の分布の実際の形を探った．

本節では，母集団分布が正規分布の場合に，そこから得られた標本にもとづく標本平均の分布——標本平均の標本分布——について述べておきたい．

まず，正規分布にしたがう確率変数についていくつかの基本的な性質をあげる．この場合，それぞれのケースに応じて得られた標本は同一の正規分布からの無作為標本 $X_1, X_2, \ldots, X_n$ であって，それぞれの変数は互いに独立な確率変数の集まりである．

なお，$X_1, X_2, \ldots, X_n$ が互いに独立に正規分布 $N(\mu, \sigma^2)$ にしたがっていることを

$$X_1, X_2, \ldots, X_n \sim N(\mu, \sigma^2)$$

と書くことにする．

(1) 1次変換

$X \sim N(\mu, \sigma^2)$ のとき，一次変換 $Y = a + bX$ （a, b は定数）による Y の分布は，

$$Y \sim N(a + b\mu, (b\sigma)^2). \tag{3.1}$$

ここで，$a = -\mu/\sigma$, $b = 1/\sigma$ とおいた場合が標準化で，$Z = (X - \mu)/\sigma$ とおくと，$Z \sim N(0,1)$.

(2) 独立な2つの確率変数の和と差の分布

2つの確率変数 X_1, X_2 がそれぞれ独立に $X_1 \sim N(\mu_1, \sigma_1^2)$, $X_2 \sim N(\mu_2, \sigma_2^2)$ のとき，

$$X_1 \pm X_2 \sim N(\mu_1 \pm \mu_2, \sigma_1^2 + \sigma_2^2) \quad (複号同順) \tag{3.2}$$

である．分散はそのまま和になっていることに注意しよう．

(3) 独立な n 個の確率変数の1次結合

確率変数 X_i, $(i = 1, 2, \ldots, n)$ が互いに独立に正規分布 $N(\mu_i, \sigma_i^2)$ $(i = 1, 2, \ldots, n)$ にしたがうとし，$Y = \sum_{i=1}^n c_i X_i$ （$c_1, c_2, \ldots, c_n$ は定数）とおく．Y は次の平均と分散を持つ正規分布 $N(\mu, \sigma^2)$ にしたがう．

$$\mu = \sum_{i=1}^n c_i \mu_i, \quad \sigma^2 = \sum_{i=1}^n c_i^2 \sigma_i^2. \tag{3.3}$$

(4) 標本平均の分布

$X_1, X_2, \ldots X_n \sim N(\mu, \sigma^2)$ のとき，標本平均 $\bar{X}$ について

$$\bar{X} \sim N\left(\mu, \frac{\sigma^2}{n}\right). \tag{3.4}$$

これは (3) で $\mu_i = \mu$, $\sigma_i^2 = \sigma^2$, $c_i = 1/n$, $(i = 1, 2, \ldots, n)$ とした場合だが，この標本分布は後の章の統計的推定，検定の問題を論ずる際に重要である．

次に，正規分布から派生し，統計的推定，検定の議論を進めていく中で大変重要な位置を占めている 3 つの統計量——χ^2-, t-, F-統計量——の標本分布についてふれておく．

🌱 カイ二乗分布

(1) $X \sim N(0, 1)$ のとき，X^2 は自由度 1 のカイ二乗 (χ^2) 分布 (chi-square distribution) にしたがう．

このことから，$X \sim N(\mu, \sigma^2)$ のとき標準化変量 $Z = (X-\mu)/\sigma$ の平方 Z^2 は自由度 1 のカイ二乗分布にしたがう．

(2) $X_1, X_2, \ldots, X_n \sim N(0, 1)$ のとき，和 $\sum_{i=1}^{n} X_i^2$ は自由度 n のカイ二乗分布にしたがう．

このことから，$X_1, X_2, \ldots, X_n \sim N(\mu, \sigma^2)$ のとき，それぞれの標準化変量の平方和

$$Z = \frac{1}{\sigma^2} \sum_{i=1}^{n} (X_i - \mu)^2 \qquad (3.5)$$

は自由度 n のカイ二乗分布にしたがう．

自由度 n のカイ二乗分布の密度関数は次のように表される．この分布の平均は n，分散は $2n$ である．

$$f(x) = \frac{1}{2^{n/2} \Gamma(n/2)} x^{(n-2)/2} e^{-x/2}. \qquad (3.6)$$

ここで，$\Gamma(s)$ はガンマ関数で

$$\Gamma(s) = \int_0^\infty e^{-x} x^{s-1} dx \qquad (3.7)$$

である．

カイ二乗分布のグラフを図 3-2 にあげておく．

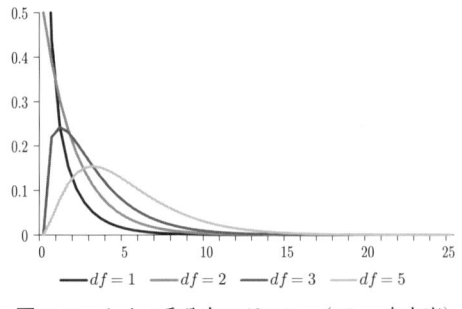

図 3-2 カイ二乗分布のグラフ （$df =$ 自由度）

(3) カイ二乗分布に関連し，標本分散については次のことが知られている．

正規分布 $N(\mu, \sigma^2)$ からの無作為標本 $X_1, X_2, \ldots, X_n$ にもとづく標本分散を $S^2 = \frac{1}{n} \sum_{i=1}^{n}(X_i - \bar{X})^2$ とする．このとき

$$\frac{nS^2}{\sigma^2} = \frac{1}{\sigma^2} \sum_{i=1}^{n}(X_i - \bar{X})^2 \tag{3.8}$$

は自由度 $n-1$ のカイ二乗分布にしたがう．

t-分布

X が標準正規分布 $N(0, 1)$ にしたがう変数で，V^2 が X とは独立に自由度 n のカイ二乗分布にしたがうとき変数

$$T = \frac{X}{V/\sqrt{n}} \tag{3.9}$$

は自由度 n のスチューデントの t-分布（t-distribution）にしたがう．

t-分布の密度関数は

$$f(x) = \frac{\Gamma((n+1)/2)}{\sqrt{\pi n}\Gamma(n/2)} \left(1 + \frac{t^2}{n}\right)^{-(n+1)/2} \quad (3.10)$$

と表わされ，平均は 0, $(n > 1)$，分散は $n/(n-2)$, $(n > 2)$ である．

図 3-3 に見るように，t-分布は正規分布と同様左右対称のベル型の分布で，正規分布よりもスソが長い形状をしている．自由度 $n \to \infty$ のとき，t-分布は正規分布 $N(0,1)$ に収束する．

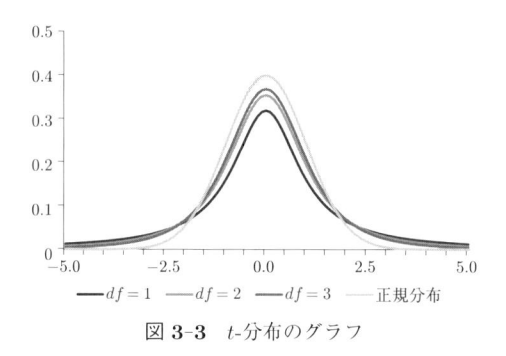

図 3-3 t-分布のグラフ

t-分布は後でとり上げる母平均の推定や検定などに用いられる重要な分布である．正規分布 $N(\mu, \sigma^2)$ からとられた大きさ n の無作為標本について，その標本平均を $\bar{X}$，不偏分散を U^2 としたとき $(\bar{X} - \mu)/(\sigma/\sqrt{n})$ は標準正規分布，$(n-1)U^2/\sigma^2$ は自由度 $n-1$ のカイ二乗分布にしたがい，両者は互いに独立であることが示されている．したがって

$$t = \frac{\bar{X} - \mu}{U/\sqrt{n}} \quad (3.11)$$

は自由度 $n-1$ の t-分布にしたがう．なお，不偏分散

$$U^2 = \frac{1}{n-1}\sum_{i=1}^{n}(X_i - \bar{X})^2$$

については 4.1 節，4.5 節で説明する．

🍂 F-分布

V_1 と V_2 が互いに独立にそれぞれ自由度 n_1 と n_2 のカイ二乗分布にしたがうとき

$$F = \frac{V_1/n_1}{V_2/n_2} \tag{3.12}$$

は自由度の組 (n_1, n_2) の F-分布（F-distribution）にしたがう．

F-分布の密度関数は次のように表わされる．

$$f(x) = n_1^{n_1/2} n_2^{n_2/2} \frac{\Gamma((n_1+n_2)/2)}{\Gamma(n_1/2)\Gamma(n_2/2)} x^{(n_1-2)/2} (n_2 + n_1 x)^{-(n_1+n_2)/2}. \tag{3.13}$$

F-分布の平均は $n_2/(n_2-2), (n_2 > 2)$，分散は $2n_2^2(n_1+n_2-2)/n_1(n_2-2)^2(n_2-4), (n_2 > 4)$ である．

F-分布は後で扱う分散の検定に用いられるが，ここでは次のことを記しておく．共通の分散 σ^2 を持つ 2 つの正規分布 $N(\mu_1, \sigma^2)$，$N(\mu_2, \sigma^2)$ から得られた大きさ n_1, n_2 の独立な標本の不偏分散をそれぞれ U_1^2, U_2^2 とするとき，統計量

$$F = U_1^2/U_2^2 \tag{3.14}$$

は自由度の組 (n_1-1, n_2-1) の F-分布にしたがう．

3.3 $\bar{X}$ の分布, $\hat{p}$ の分布

　本章ではまず標本分布について経験的に触れることから始まって,母集団モデルが正規分布の場合の様々な統計量の分布を扱ってきた.第4章以後の統計的推定,検定の問題では母平均と母集団比率を中心に取り扱うため,とりわけ標本平均と標本比率の標本分布が重要である.これについては,中心極限定理 (central limit theorem) とよばれる大定理によって,以下のことが示されている.

$\bar{X}$ の標本分布

　母平均 μ,母分散 σ^2 を持つ母集団から得られた大きさ n の無作為標本にもとづく標本平均を $\bar{X}$ とおく.n が十分大きいとき,次のことがいえる.

「標本平均 $\bar{X}$ は平均 μ,分散 $\dfrac{\sigma^2}{n}$ の正規分布にしたがう.」

この場合,次の3つのことが大事な点である.

　①母集団の分布形にかかわらず,n が大きければ $\bar{X}$ は正規分布にしたがうこと.

　②$\bar{X}$ の期待値は μ であること(不偏性).

　③$\bar{X}$ の分散が σ^2/n で表されること.

なお,$\bar{X}$ の標本分布で,$\bar{X}$ の標準偏差にあたる $\sigma/\sqrt{n}$ のことを $\bar{X}$ の標準誤差 (standard error) とよぶ.

　このことを計算機によるシミュレーションで示したのが図3-4で,2.4節の一様分布 $U(0,1)$ にしたがう乱数を発生させ,$n=1$,$n=6$,$n=12$ の各場合について,それぞれ1,000回計算した結果

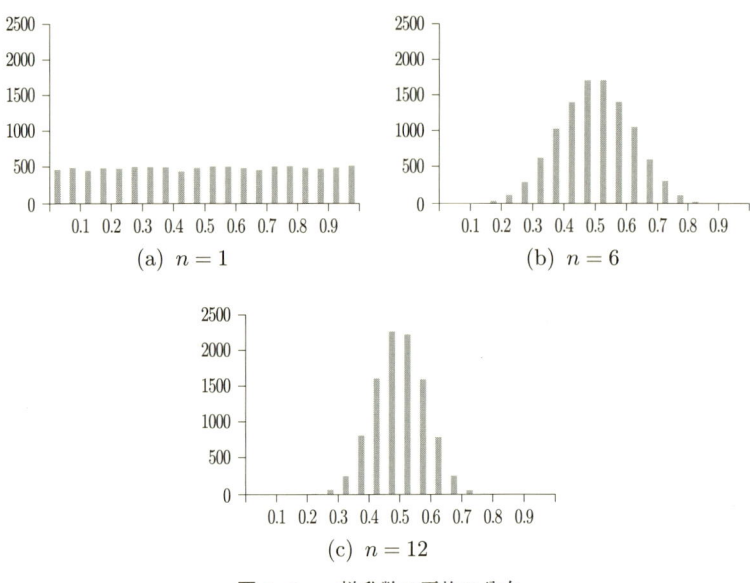

をヒストグラムとしてまとめたものである.[2]

(a) $n=1$

(b) $n=6$

(c) $n=12$

図 3-4 一様乱数の平均の分布

🌿 $\hat{p}$ の標本分布

母集団比率 p を持つ母集団から得られた大きさ n の無作為標本にもとづく標本比率を $\hat{p}$ とおく．n が十分大きいとき，次のことがいえる．

「標本比率 $\hat{p}$ は平均 p, 分散 $\dfrac{p(1-p)}{n}$ の正規分布にしたがう.」

この場合も $\bar{X}$ の標本分布のところで述べた①〜③は $\bar{X}$ を $\hat{p}$ に変えて同じように重要である．

---

[2] かつては $n=12$ の一様乱数 $U(0,1)$ の平均 $\bar{x}$ をとり，正規乱数の発生にかえたことがある．この場合 $U(0,1)$ の平均は $1/2$, 分散は $1/12$ なので，$\bar{x}$ の平均は 0.5, 分散は $(1/12)^2$ となる．

$\sqrt{\dfrac{p(1-p)}{n}}$ は $\hat{p}$ の標本分布の標準誤差とよばれ，分布の散らばりを表す 1 単位となっている．

標本比率は実験や標本調査の場で幅広く扱われ，ここにあげた性質は推定や検定など応用上たいへん重要な意味を持っている．

問 3.1

正規分布にしたがう変数による t-統計量（3.8）の分母分子は互いに独立であることが示されている．統計量 t^2 の分布はどのような分布か．

問 3.2

$X \sim N(\mu, \sigma^2)$ のとき，$Z = X^2$ の分布を求めよ．

問 3.3

2 つの変数 X と Y が互いに独立で，それぞれ正規分布 $N(\mu_1, \sigma^2)$, $N(\mu_2, \sigma^2)$ にしたがうとき，$Z = X + Y$ の分布を求めよ．

第 4 章

統計的推定

　母集団と標本の枠組みの中で母集団はデータを生み出すメカニズム（機序）であって，このメカニズムが母集団の分布モデルである．一方，標本の持つ役割は自分自身の生成を規定している，あるいはルーツである母集団モデルを知ることにある．
　標本（データ）にはそれぞれに対応する母集団モデルが存在するが，これまで正規分布と二項分布を主に取り扱ってきた．本章ではこの2つの分布を中心に，それぞれの母数 —— 母平均と母分散，母集団比率 —— を推定する仕組みとその実際を考える．推定量の良さや構成法についても考察する．

4.1 統計的推定

標本（データ）によって知りたいことはデータが生成されるメカニズム，すなわち母集団の分布モデルである．また，分布モデルは正規分布 $N(\mu, \sigma^2)$ のように，μ や σ^2 などの母数（パラメータ）によって確定される．このように，母集団から得られた無作為標本（ランダムサンプル）にもとづいて，母集団モデルあるいはそのモデルに含まれる母数を知ろうとする試みのことを統計的推定という．

このような枠組みの中で母数を推定するために必要と思われる点は次のようにあげられる．
・推定の方法としてはどのようなものがあるか
・データから母数をどのように推定するか
・推定の精度はどうか
・複数の推定法があるときどれを選択すべきか

はじめに正規分布モデル $N(\mu, \sigma^2)$ の母平均 μ，母分散 σ^2，二項分布モデル $B(n, p)$ の母集団比率 p を推定することを考えてみたい．これらの母数を推定する際の考え方として，点推定の方法と区間推定の方法が知られている．まず，点推定から説明する．

点推定

母集団 Π の密度関数を $f(x, \theta)$ とおく．ここで，θ はこの分布の母数である．正規分布 $N(\mu, \sigma^2)$ の場合には μ と σ^2 がこれに対応している．この母集団から得られた大きさ n の無作為標本 $X_1, X_2, \ldots, X_n$ にもとづいて母数 θ を推定したい．

このとき，母数 θ を推定するために作られた，確率変数の関数

$T = T(X_1, X_2, \ldots, X_n)$ を一般に統計量（statistic），推定の問題を考えている際には推定量（estimator）とよぶ．T はそれ自体が標本の値によって決定される確率変数である．これまでにも見てきたように，正規分布 $N(\mu, \sigma^2)$ については標本平均 $T = \bar{X}$ は μ の推定量であり，標本分散 $T = \dfrac{1}{n}\sum_{i=1}^{n}(X_i - \bar{X})^2$ は σ^2 の推定量である．このように目的とする母集団モデルの母数の値を標本値にもとづく推定量から推定することを点推定（point estimation）とよぶ．

推定量の構成の仕方については後述するが，ここでは標本平均や標本分散が μ や σ^2 の推定量であるとされる根拠の1つであるモーメント法によって母数を推定することにして話を進めていく．

・モーメント法による推定

2.3, 2.4 節では，モーメント（積率）によって母集団分布の平均や分散を定義した．これに対し，第1章で扱った「データの記述」で述べられた平均や分散にモーメント（積率）を対応させる，つまり，母集団を記述する概念に標本側の概念を対応させて母数を推定しようとする方法がモーメント法である．推定量は，たとえば次のような対応関係で得られる．

$$\text{標本平均} \longleftrightarrow \text{母平均}$$
$$\text{標本分散} \longleftrightarrow \text{母分散}$$
$$\text{標本比率} \longleftrightarrow \text{母集団比率}$$

例 4.1

正規分布 $N(\mu, \sigma^2)$ にしたがう大きさ n の無作為標本 $X_1, X_2, \ldots, X_n$ にもとづく標本平均 $\bar{X}$ は母平均 μ の点推定量である．

また，大きさ n の無作為標本にもとづく中央値 Me は母平均（母集団中央値）μ の推定量である．

このように，ある母数についての推定量は複数個存在しうるが，統計的推定の課題としては前述のように推定の際の基準，得られた推定量の性質による相互比較などがあげられる．

例 4.2
正規母集団の分散 σ^2 の点推定量としては

$$標本分散：S^2 = \frac{1}{n}\sum_{i=1}^{n}(X_i - \bar{X})^2$$

があげられる．母分散 σ^2 の推定には，不偏分散

$$不偏分散：\quad U^2 = \frac{1}{n-1}\sum_{i=1}^{n}(X_i - \bar{X})^2$$

も点推定量として使われる．S^2 と U^2 の違いについては 4.5 節で扱う．

例 4.3
二項分布 $B(n,p)$ について，大きさ n の観測値の中である属性を持つものの数を確率変数 X で表したとき，標本比率 $\hat{p} = X/n$ は母数 p の点推定量である．

ところで，上にあげたいくつかの例では母集団から得られた無作為標本 $X_1, X_2, \ldots, X_n$ によって母数の推定を試みたが，$\bar{X}$, S^2, $\hat{p}$ などは対応する母数の推定量とよばれる．ここで，これらの変数が具体的に取る値 $x_1, x_2, \ldots, x_n$ のことを，これらの確率変数の実

現値とよぶ．一般にデータとよばれているのはこの実現値のことを指している．さらに，これら実現値を使って $t = T(x_1, x_2, \ldots, x_n)$ によって θ の具体的な値を推定するが，その値を当該の母数の推定値（estimate）とよんでいる．

🌱 区間推定

母数 θ を持つ母集団分布を $f(x, \theta)$ とする．この母集団から得られた大きさ n の無作為標本を $X_1, X_2, \ldots, X_n$ としたとき，2つの統計量 $T_1 = T_1(X_1, X_2, \ldots, X_n)$ と $T_2 = T_2(X_1, X_2, \ldots, X_n)$ を用い，区間幅を持たせて $T_1 \leq \theta \leq T_2$ のように母数 θ を推定する方法を区間推定（interval estimation）とよぶ．

母集団比率の場合と，正規分布の母数の場合について順次説明するが，区間推定を行うにあたっては，第3章の標本分布が大きな意味を持っている．

4.2 母集団比率の推定

与えられた母集団において，ある属性 C を持つものの割合が p であるとし，その母集団から互いに独立に得られた大きさ n の無作為標本の中で，属性 C を持つものの個数を確率変数 X によって表わす．このとき，$\hat{p} = X/n$ は p の点推定量である．

X のしたがう分布は二項分布 $B(n, p)$ であるが，3.3節の中心極限定理によって，n が十分に大きいときには，この分布は正規分布 $N(np, np(1-p))$ によって近似できる．したがって比率の推定量 $\hat{p} = X/n$ は（3.1）から，次の正規分布にしたがう．

$$\hat{p} \sim N\left(p, \frac{p(1-p)}{n}\right). \tag{4.1}$$

この分布の持つ散らばりの大きさ（標準誤差）は $\sqrt{\dfrac{p(1-p)}{n}}$ なので，正規分布の性質から $\hat{p}$ が図 4-1 の両端 $p\pm 1.96\sqrt{\dfrac{p(1-p)}{n}}$ の間にある確率は 0.95 となる．

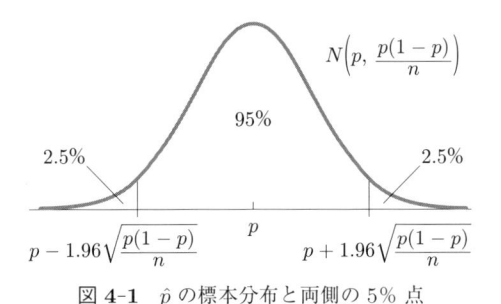

図 4-1　$\hat{p}$ の標本分布と両側の 5% 点

このことから，絶対誤差 $|\hat{p}-p|$ について，確率 0.95 で次の評価式が得られる．この式によれば，真の値 p がわからないにもかかわらず，$\hat{p}$ によって推定する際の誤差の大きさが確率的に評価される．

$$\Pr\left(|\hat{p}-p| \leq 1.96\sqrt{\frac{p(1-p)}{n}}\right) = 0.95 \tag{4.2}$$

さて，(4.2) 式から n が十分大きいときには，母数 p をはさむ次の近似式が得られる．標準誤差の部分の p には標本から計算された値 $\hat{p}$ を用いる（問 4.1 参照）．

$$\hat{p} - z(\alpha)\sqrt{\frac{\hat{p}(1-\hat{p})}{n}} \leq p \leq \hat{p} + z(\alpha)\sqrt{\frac{\hat{p}(1-\hat{p})}{n}}. \tag{4.3}$$

これを母集団比率 p についての $100(1-\alpha)\%$ 信頼区間とよぶ．$z(\alpha)$ は標準正規分布の両側 $100\alpha\%$ 点である．

$z(\alpha)$ の値は，与えられた α の値に対し，標準正規分布表から求められる．よく用いられる値を表 4-1 にあげておく．

表 4-1　α と $z(\alpha)$（両側）

α	$1-\alpha$	$z(\alpha)$
0.10	0.90	1.645
0.05	0.95	1.96
0.01	0.99	2.576

例 4.4　生活への満足感

全国 18 歳以上の者を対象にした世論調査で「今の生活に満足しているかどうか」聞いたところ，男性は 975 名中 663 名，女性は 1,287 名中 962 名が満足していると答えた（*Journalism*, 2010 年 11 月号）．母集団比率への 95% 信頼区間は (4.3) 式を使って次のように得られる．

男性は $\hat{p}_1 = 663/975 = 0.680$, $1.96\sqrt{\hat{p}_1(1-\hat{p}_1)/n_1} = 0.029$. したがって，95% 信頼区間は $(0.651, 0.709)$.

女性の場合は $\hat{p}_2 = 0.747$ で，95% 信頼区間は $(0.724, 0.771)$.

4.3　正規分布の母数の推定

正規分布 $N(\mu, \sigma^2)$ の母数には平均 μ と分散 σ^2 の 2 つがあるが，本節ではこれら母数の推定について考える．

母平均の推定

・母分散 σ^2 が既知の場合

母集団の分布モデルが正規分布 $N(\mu, \sigma^2)$ のときに母平均 μ を推定する問題を考える．母集団からとられた大きさ n の無作為標本

にもとづく標本平均 $\bar{X}$ は，母平均 μ についての点推定量である．このとき，$\bar{X}$ の分布は 3.2 節にあげたように正規分布にしたがい

$$\bar{X} \sim N\left(\mu, \frac{\sigma^2}{n}\right) \qquad (4.4)$$

となる．したがって，比率の場合と同様に，確率 $1-\alpha$ で次の関係が成り立つ．

$$\Pr\left(|\bar{X}-\mu| \leq z(\alpha)\frac{\sigma}{\sqrt{n}}\right) = 0.95. \qquad (4.5)$$

この関係から，母平均 μ についての $100(1-\alpha)\%$ 信頼区間が次のように与えられる．α と $z(\alpha)$ の関係は比率の場合と同じである（表 4-1 参照）．

$$\bar{X} - z(\alpha)\frac{\sigma}{\sqrt{n}} \leq \mu \leq \bar{X} + z(\alpha)\frac{\sigma}{\sqrt{n}}. \qquad (4.6)$$

例 4.5

付録 A，別表のデータ D01 について，分散既知として母平均の 95% 信頼区間を求める．

ここでは σ は既知として，$\sigma = 12.0$ として計算する．

$n = 16$ で，データから $\bar{x} = 59.94$．$\bar{x} \pm 1.96\sigma/\sqrt{n} = 59.94 \pm 5.88$．したがって，信頼区間は $(54.1, 65.8)$ となる．

ここで，信頼区間の意味を実験的に考えてみる．

正規分布 $N(50, 10^2)$ にしたがう乱数を 20 個発生させ，その値にもとづいて 95% と 90% 信頼区間をつくる．

1 回目の実験で $\bar{x} = 51.3$ が得られたとする．分散 $\sigma = 100$（=既知）とすると，$n = 20$ で信頼区間は次のようになる．

95% 信頼区間：$(46.9, 55.7)$

90% 信頼区間：$(42.6, 55.0)$

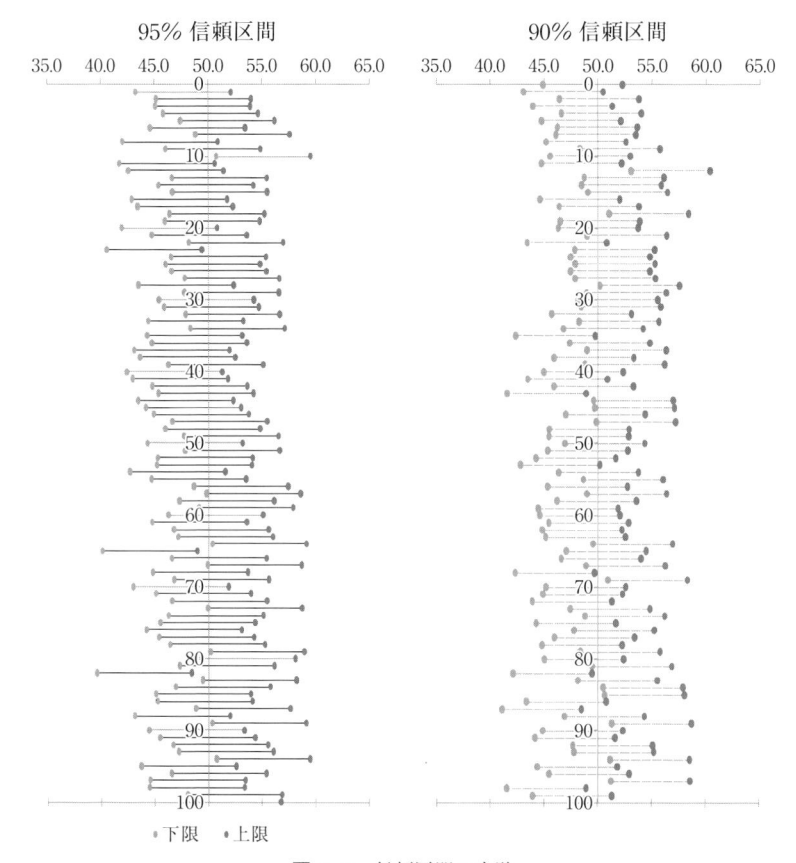

図 4-2 信頼区間の実験

このような実験を 100 回繰り返し，それぞれの場合の信頼区間をプロットしたのが図 4-2 である．1 回ごとの実験では作られた信頼区間は真の値（$\mu = 50$）を含むか含まないかのいずれかであるが，こういった試行の総体の中で見ると，真の値を含む信頼区間の割合は，設定した信頼度に応じて 95% の信頼区間では全体のほぼ 95% が真の値 μ を含む信頼区間として形成されている．

・母分散 σ^2 が未知の場合

分散 σ^2 が未知のときには上にあげた信頼区間の式は使えない. そこで (3.10) 式にあげたように

$$t = \frac{\bar{X} - \mu}{U/\sqrt{n}} \qquad (4.7)$$

が自由度 $n-1$ の t-分布にしたがうことを利用して信頼区間をつくる. すなわち, 確率 $1-\alpha$ で関係

$$\Pr\left(|\bar{X} - \mu| \leq t_{n-1}(\alpha)\frac{U}{\sqrt{n}}\right) = 1 - \alpha. \qquad (4.8)$$

が成り立つので, これによって信頼区間を構築する. ここで $t_{n-1}(\alpha)$ は自由度 $n-1$ の t-分布の両側 $100\alpha\%$ 点の上側の値で, t-分布表から求められる. また, U^2 は不偏分散である.

(4.8) から, 母平均 μ についての $100(1-\alpha)\%$ 信頼区間が次のように与えられる.

$$\bar{X} - t_{n-1}(\alpha)\frac{U}{\sqrt{n}} \leq \mu \leq \bar{X} + t_{n-1}(\alpha)\frac{U}{\sqrt{n}}. \qquad (4.9)$$

例 4.6

付録 A, 別表のデータ D01 について, 分散未知として母平均の 95% 信頼区間を求める.

表から $t_{15}(0.05) = 2.131$, またデータから $\bar{x} = 59.94$, $u = 12.27$. $\bar{x} \pm 2.131 \times u/\sqrt{n} = 59.94 \pm 6.54$. これから信頼区間は $(53.4, 66.5)$.

母分散の推定

母平均 μ が既知の場合に, 母分散 σ^2 の信頼区間を考えてみる. 正規母集団 $N(\mu, \sigma^2)$ からの無作為標本 $X_1, X_2, \ldots, X_n$ にもとづ

く分散を

$$S^2 = \frac{1}{n}\sum_{i=1}^n (X_i - \bar{X})^2$$

としたとき，3.2 節で述べたことから

$$\chi^2 = \frac{nS^2}{\sigma^2} = \frac{1}{\sigma^2}\sum_{i=1}^n (X_i - \bar{X})^2$$

は自由度 $n-1$ のカイ二乗分布にしたがう．このカイ二乗分布の下側および上側の $\alpha/2$ 点を $\chi^2_{n-1}(1-\alpha/2)$, $\chi^2_{n-1}(\alpha/2)$ とすると（図 4-3 参照），確率 $1-\alpha$ で次の関係が成り立つ．

$$\Pr(\chi^2_{n-1}(1-\alpha/2) \leq \chi^2 \leq \chi^2_{n-1}(\alpha/2)) = 1-\alpha.$$

$\chi^2 = nS^2/\sigma^2$ なので，この確率表現から母分散 σ^2 についての信頼係数 $1-\alpha$ の信頼区間が次のように得られる．

$$\frac{S^2}{\chi^2_{n-1}(\alpha/2)} \leq \sigma^2 \leq \frac{S^2}{\chi^2_{n-1}(1-\alpha/2)} \tag{4.10}$$

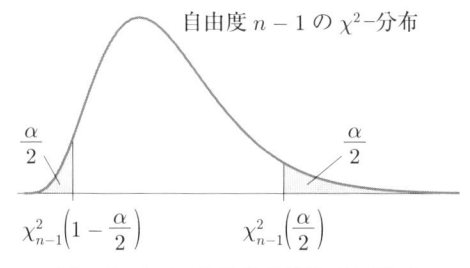

図 4-3　カイ二乗分布の両側 $100\alpha\%$ 点

例 4.7

付録 A，別表のデータ D01 について，分散の 95% 信頼区間

を求める．

 $\alpha = 0.05$ のとき，χ^2-分布表から $\chi^2_{15}(0.025) = 27.488$, $\chi^2_{15}(0.975) = 6.262$. データから $n = 16$, $s^2 = 141.18$. これから（4.10）式により 96% 信頼区間は $(5.14, 22.55)$.

4.4　標本の大きさ

 前節にあげた推定量 $\hat{p}$ や $\bar{X}$ の標本分布から得られる絶対誤差 $|\hat{p} - p|$, $|\bar{X} - \mu|$ にかかわる式（4.2）や（4.5）を用いると，調査や実験に際してどのくらいの数の標本が必要かということ（標本の大きさ，sample size）についての知見を得ることができる．

🌿 比率 (割合) の場合

 $\hat{p}$ の標本分布から得られた式（4.2）

$$|\hat{p} - p| \leq 1.96\sqrt{\frac{p(1-p)}{n}}$$

において，p を推定する際の誤差の最大値 ε を指定し，上の不等式の右辺の値と等しくおくと，確率 $1-\alpha$ で絶対誤差は $|\hat{p}-p| \leq \varepsilon$ と評価される．これから

$$n = \left(\frac{z(\alpha)}{\varepsilon}\right)^2 p(1-p). \tag{4.11}$$

したがって，標本の大きさ n について次のように n を決めれば，調査に際しての推定の誤差を ε 以下におさえることができる．

・p についての情報が全く無いとき：$p(1-p) \leq 1/4$ だから n の最大値として

$$n = \frac{1}{4}\left(\frac{z(\alpha)}{\varepsilon}\right)^2. \qquad (4.12)$$

・p の近似値が使えるとき： p の推定値を (4.11) 式に代入し n を決める．

例 4.8 標本の大きさ n の推定

A 社の携帯電話を持っている人の割合を標本調査で推定したい．このとき，どのくらいの人数について調べればよいだろうか．誤差は $\pm 3\%$ 程度にしたい．

(4.11) 式で $z(0.05) = 1.96$，$\varepsilon = 0.03$ とおいて $n = 1,067$ 人．以前の調査や予備調査などから A 社の携帯の所有率が 0.3（30%）くらいと予想される場合には，(4.11) 式で $p = 0.3$ として $n = 896$ 人．

正規分布の場合

$\bar{X}$ の標本分布から得られた絶対誤差に関する式 (4.5) から，許容する最大誤差 ε に対し，次の関係が得られる．

$$n = \left(\frac{z(\alpha)}{\varepsilon}\right)^2 \sigma^2. \qquad (4.13)$$

相対誤差 $\left|\dfrac{\bar{X} - \mu}{\mu}\right|$ $(\mu \neq 0)$ を ε 以下と評価することにして，

$$n = \left(\frac{z(\alpha)}{\varepsilon}\right)^2 \left(\frac{\sigma}{\mu}\right)^2 \qquad (4.14)$$

を使うこともできる．ここで，σ/μ は変動係数とよばれる．

正規分布の母平均の場合にはもう 1 つの母数である分散 σ^2 が，標本の大きさを決めるにあたって影響してくる．この場合，分散あるいは変動係数についての情報を何らかの形で得る必要があり，通常は予備調査を行ったり，過去の調査の結果を利用したりして標本

の大きさを決めることになる．

4.5 推定量の性質

　密度関数の母数を推定するため，これまでの節ではモーメント法を用いてきた．これは推定すべき母数とそれに対応する標本における概念を対応させたものだが，推定量をどのようにして得たらよいか，いくつかの推定量があるときの選択の基準は何かといったことを，推定量の性質といった観点から考えてみたい．

　上にあげた正規分布の母平均の推定では，標本平均 $\bar{X}$ のほかにもデータにもとづく中央値や範囲中央（データの最大値と最小値の和を平均した値）なども母平均の推定量として考えられる．推定量の性質としてまず頭に浮かぶのは，サンプルサイズが大きくなるにしたがって推定値が真の値に収束してゆくことで，これは一致推定量とよばれる．点推定量の性質を見るためのこのような考え方がある中で，特に重要なのは次にあげる不偏推定量と最尤推定量である．

不偏推定量

　3.1 節では標本平均には標本分布とよばれる分布があること，さらに，3.2 節では正規分布 $N(\mu, \sigma^2)$ にしたがう大きさ n の無作為標本 $X_1, X_2, \ldots, X_n$ についてはその平均 $T = \bar{X}$ について，期待値が μ に等しい（$E(T) = \mu$）ことを知った．このような統計量の性質を不偏（unbiased）とよんでいる．不偏性は第 2 章で定義した期待値を使って次のように述べられる．

不偏性：θ の推定量 $T = T(X_1, X_2, \ldots, X_n)$ は，すべての θ について期待値 $E(T) = \theta$ のとき θ の不偏推定量 (unbiased estimator) とよばれる．

これは，推定量 T を用いてデータから θ を推定することを繰り返したとき，得られた推定値の間に値の大きさとしての出入りはあっても平均的には真の値を捉えているということを意味している．

例 4.9 分散の推定

正規分布 $N(\mu, \sigma^2)$ からの大きさ n の無作為標本 $X_1, X_2, \ldots, X_n$ について通常用いられる分散の推定量

$$S^2 = \frac{1}{n} \sum_{i=1}^{n} (X_i - \bar{X})^2 \qquad (4.15)$$

は，その期待値をとると $E(S^2) = ((n-1)/n)\sigma^2$ となる．すなわち，分散の推定量として用いられる S^2 は σ^2 の不偏推定量ではない．繰り返し大きさ n のサンプルをとり，得られた分散の平均をとると，結果として真の分散の値 σ^2 よりはわずかに小さめの $(n-1)/n$ 倍の値をとることがわかる（問 2.3 参照）．そこで，S^2 に対し，$n/(n-1)$ を乗じた値を考えると $E((n/(n-1))S^2) = \sigma^2$ となる．すなわち，

$$\frac{n}{n-1} S^2 = \frac{1}{n-1} \sum_{i=1}^{n} (X_i - \bar{X})^2$$

とするとこれは不偏推定量となる．あらためてこれを

$$U^2 = \frac{1}{n-1} \sum_{i=1}^{n} (X_i - \bar{X})^2 \qquad (4.16)$$

とおけば，U^2 は分散 σ^2 の不偏推定量である．U^2 は不偏分散

とよばれ，すでに 3.2 節や 4.1 節で紹介したが，分散 σ^2 の推定量として用いられている．

🌿 最良不偏推定量

不偏性は推定量として望ましい性質であるが，推定の目的からすると必ずしも備えているべきものではない．つまり，同じ大きさの標本で繰り返し推定した時に，推定量 T が別の推定量 T' よりもコンスタントに真の値 θ に近い値を与えるならば，推定量 T が偏りを持ち，T' が不偏であったとしても T の方が望ましいともいえる．このように，真の値 θ への近さの代わりに θ の周りへの変動の大きさを考えてみる．この場合，推定量 T の平均は必ずしも θ と一致しているとは限らないので，θ の回りの 2 次の積率，すなわち $E[(T-\theta)^2]$ を考えることにする．推定量 T が不偏（$E(T)=\theta$）のときはこの尺度は T の分散である．

そこで，θ の 2 つの推定量 T と T' について θ の回りの 2 次積率を考え，θ のすべての値に対し

$$E[(T-\theta)^2] \leq E[(T'-\theta)^2] \qquad (4.17)$$

のとき，推定量 T は推定量 T' よりも良いという．$E[(T-\theta)^2]$ は θ の推定量 T の平均平方誤差（mean squared error, MSE）とよばれる．母数推定の問題で基本的なことは MSE ができるだけ小さな推定量を見出すことだといえる．

推定量 $T=T(X_1,X_2,\ldots,X_n)$ をさらに不偏推定量に限定し，母数 θ のとりうるすべての値に対し，T の分散がすべての不偏推定量の中で最小であるときに，T を最良不偏推定量（best unbiased estimator）とよぶ．

正規母集団からの大きさ n のランダムサンプルについて，標本

平均 $\bar{X}$ は母平均の最良不偏推定量である．

🌿 最尤推定量

第2章のコラムで，超幾何分布の応用例としてあげた捕獲再捕獲法をもとに，次のような例を考えてみる．1回目の捕獲で $M = 20$ 匹が捕獲され，それらに印をつけ池に戻したとする．2回目の捕獲で $n = 16$ 匹が捕獲され，そのうち $m = 7$ 匹に印がついていたとする．このとき，池には何匹の魚がいると推定されるだろうか．直観的には（モーメント法にもとづく）$M/N \approx m/n$ から得られる $\hat{N} = n \times M/m = 45.7$ すなわち，46 匹が魚の総数の推定値と考えられる．

ところで，超幾何確率（(2.1) 式）を与えられたデータ (M, n, m) に対し，N の関数として $\Pr(N)$ と書いておくと，M, n と m の値に対し N の値を変化させたときの確率を求めることができる．これらの値を確率の値が最大となっている近辺の N に対して与えると

$\Pr(43) = 0.2389$, $\Pr(44) = 0.2432$, $\Pr(45) = 0.2449$,
$\Pr(46) = 0.2443$, $\Pr(47) = 0.2417$

となっている．すなわち $M = 20$, $n = 16$, $m = 7$ に対し $N = 45$ とすると，確率の値が最大となることがわかる．このように，推定値を得る際に，それらのデータが得られる確率を最大にするような母数を得ようとする考え方が最尤推定の考え方の基本である．

連続分布の場合，位置母数 θ に依存する密度関数 $f(x, \theta)$ を持つ分布からデータ x_1, x_2 が得られたとしよう．これらのデータは図 4-4 にあげた3つの密度関数 $f(x, \theta_1)$, $f(x, \theta_2)$, $f(x, \theta_3)$ のどれから得られたとするのが自然であろうか．

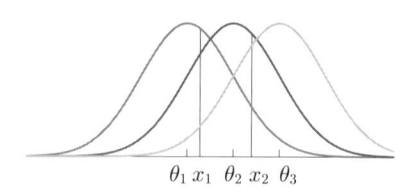

図 4-4 データと 3 つの密度関数

　点 x におけるある小区間 dx に対し，$f(x, \theta)dx$ を確率要素とよぶ．これは連続分布の点 x における微小区間での確率と見なせるが，$f(x, \theta)$ をその点での尤度とよんでいる．そこで図に与えられた 3 つの場合に尤度関数

$$L(x_1, x_2; \theta_i) = f(x_1, \theta_i)f(x_2, \theta_i), \quad i = 1, 2, 3$$

を考え，$L(x_1, x_2; \theta_i)$ を最大にする θ_i を推定値として採用しようというのが最尤推定の考え方である．図 4-3 では θ_2 に対する尤度関数の値が一番大きくなっている．

　尤度関数（likelihood function）は次のように定義される．
　密度関数 $f(x, \theta)$ から得られたランダムサンプルの実現値を x_1, $x_2, \ldots, x_n$ としたとき，尤度関数を

$$L(x_1, x_2, \ldots, x_n; \theta) = \prod_{i=1}^{n} f(x_i, \theta) \tag{4.18}$$

と定義する．その上で，尤度関数

$$L(\theta) = L(x_1, x_2, \ldots, x_n; \theta) \tag{4.19}$$

を最大にする θ を求める．最尤推定値はデータにもとづいて作られるが，あらためてその形を確率変数を用いた統計量におきかえて得られた推定量を最尤推定量（maximum likelihood estimator,

MLE) とよんでいる．

例 4.10 正規分布の母平均の最尤推定量

正規分布 $N(\mu, \sigma^2)$ からの大きさ n の無作為標本によって μ の最尤推定量を求める．分散 σ^2 は既知としておく．(2.22) 式から尤度関数は

$$L(\mu, \sigma^2) = \prod_{i=1}^{n} \frac{1}{\sqrt{2\pi}\sigma} e^{-\frac{(x_i-\mu)^2}{2\sigma^2}} = \left(\frac{1}{\sqrt{2\pi}\sigma}\right)^n e^{-\frac{1}{2\sigma^2}\sum_{i=1}^{n}(x_i-\mu)^2}$$

両辺の対数をとると（これを対数尤度関数とよぶ）

$$\log(L(\mu, \sigma^2)) = -\frac{n}{2}\log(2\pi) - \frac{n}{2}\log(\sigma^2) - \frac{1}{2\sigma^2}\sum_{i=1}^{n}(x_i-\mu)^2$$

σ^2 は既知としているので，この関数を最大にする μ は

$$\frac{1}{2\sigma^2}\sum_{i=1}^{n}(x_i-\mu)^2$$

を最小にする μ として得られる．$\mu = \bar{x}$ が得られるが，これを統計量に置きかえ，μ の推定量 $\hat{\mu} = \bar{X}$ が得られる．

例 4.11 ジャンケン

2.2 節のジャンケンの例を考えてみる．確率変数 X がジャンケンの結果を表わす変数とすると，X は幾何分布 (2.15) にしたがう．いま，x 回目に決着したとすると，あいこが $x-1$ 回続き，x 回目に決着ということで，尤度関数は次のように与えられる．

$$L(p) = (1-p)^{x-1} p.$$

$L(p)$ を最大にする p は $L(p)$ を微分して

$$\frac{dL(p)}{dp} = (1-p)^{x-2}(1-xp).$$

これから $L(p)$ を最大にする p は $p = 1/x$ であることがわかる．この結果，p の最尤推定量は $\hat{p} = 1/X$ となる．

推定量の作り方

ここまでに，母数を推定する方法としてモーメント法と最尤推定法をあげたが，他にも最小二乗法による例や最小カイ二乗法などによる方法がある．ここには簡単な例だけをあげ，考え方の一端を示しておく．

・最小二乗法

任意の分布からの確率変数 $X_1, X_2, \ldots, X_n$ に対し，位置母数 θ からの偏差の平方和

$$D = \sum_{i=1}^{n}(X_i - \theta)^2$$

をつくる．D を最小にする θ は

$$\theta = \frac{1}{n}\sum_{i=1}^{n} X_i$$

となるが，これが θ の最小二乗推定量である．この考え方は，回帰推定や比推定などで使われている．

・最小カイ二乗法

2.3 節のベルヌーイ試行で，大きさ n の試行列の中で，確率 p_1 で 1 が n_1 個，確率 $p_2 = 1 - p_1$ で 0 が n_2 個得られたとする．こ

のとき，観測度数と期待度数の差にかかわる次の統計量を考える．

$$\chi^2 = \sum_{i=1}^{2} \frac{(n_i - np_i)^2}{np_i}.$$

これは χ^2 統計量とよばれ，これを最小にする p_1 が最小カイ二乗による推定量である．この例では

$$\chi^2 = \frac{(n_1 - np_1)^2}{np_1(1 - p_1)}$$

と変形され，χ^2 が最小となるのは $p_1 = n_1/n$ のときで，結局 $\hat{p}_1 = n_1/n$ が推定量である．

連続分布の場合にも密度関数の定義域を k 個の部分区間に分割し，各部分区間で観測される度数と密度関数から計算される期待度数を計算すると上記のカイ二乗統計量が得られる．

問 4.1

式 (4.2) で，$\Pr\left(|\hat{p} - p| \leq z(\alpha)\sqrt{p(1-p)/n}\right) = 1 - \alpha$ のカッコ内の不等式を二乗して二次不等式をつくり，p の信頼区間を求めよ．

問 4.2

例 4.10 で，分散未知として μ と σ^2 の最尤推定量を求めよ．

問 4.3

(5.6) 式にある分散の推定量 $U^2 = ((n_1 - 1)U_1^2 + (n_2 - 1)U_2^2)/(n_1 + n_2 - 2)$ は σ^2 の不偏推定量であることを示せ．

標本調査と誤差　〰〰〰〰〰〰〰〰〰〰〰　コラム 〰〰

$\hat{p}$ の標本分布から得られる (4.2) 式の関係は，標本調査などで誤差を評価する式としてよく用いられる．内閣支持率調査などの世論調査において，対象母集団から大きさ n のランダムサンプルを抽出し調査を行ったとする．絶対誤差 $|\hat{p}-p|$ は確率 0.95 で $1.96\sqrt{p(1-p)/n}$ より小さいことが示されている．これを，いくつかの p と n について計算した結果が下の表である（% で表示）．

n	p (%)				
	10(90)	20(80)	30(70)	40(60)	50
500	2.6	3.5	4.0	4.3	4.4
1000	1.9	2.5	2.8	3.0	3.1
2000	1.3	1.8	2.0	2.1	2.2
3000	1.1	1.4	1.6	1.8	1.8

この表によれば，母集団支持率が 40% のとき，$n = 1,000$ 人の大きさの標本によって比率を推定したときの絶対誤差は ±3.0% であること，$n = 3,000$ 人についての調査の結果であれば誤差は ±1.8% であることなどが読み取れる．

n を大きくすれば精度は増すが，調査にはかなりの費用がかかるし，調査時間も増す．実際には，そのかね合いで n が決められている．

第5章

統計的仮説検定

　本章では最初に統計的仮説検定の考え方を説明する．次に，母集団比率 p の検定の実際を述べる．さらに，母集団分布が正規分布の場合に，その母平均および母分散の検定の手続きを説明する．また，5.4節では検定の理論的背景を述べる．

5.1 仮説検定の考え方

本節では統計的仮説検定の考え方を，正規分布の母平均を検定する場合と母集団比率を検定する場合の例をもとに説明したい．

母平均を例として

まず，次の例で考えてみよう．

「ある学年の小学生男子児童の中からランダムに得られた9名の身長の平均が $\bar{x} = 138$ cm であった．この9名のデータはデータを得た経緯からいえば小学4年生の身長のデータのはずなのだが，4年生にしては大きすぎる．5年生からのデータと取り違えてしまったのではないか．」

ここで，小学4年生と5年生の身長の母集団分布はそれぞれ

$$\text{正規分布 } \Pi_1 : N(134.0,\ 6.0^2) \qquad (4 年生)$$
$$\text{正規分布 } \Pi_2 : N(139.0,\ 6.0^2) \qquad (5 年生)$$

であるとする．

統計的仮説検定の手続きとしては次のように考える．仮に9人の児童が小学4年生であったとすると，3.2節にあげた標本平均の標本分布によって，ランダムに得られた9人の平均身長は正規分布 $N(134.0, 2.0^2)$ にしたがう．図5-1には，4年生の身長の分布 Π_1 と $n = 9$ の場合の標本平均の標本分布をあげている．まず，この2つの分布の意味の違いを理解することが大切である．

ここで，標本平均の標本分布の上側5％点 $\bar{x}_0 = 137.29$ cm をとり，D：「9人の平均身長が137.29 cm 以上ならば5年生のデータとみなす」という判断基準を作ってみる．図5-1で見るように，4年生にも身長が137.29 cm 以上の児童はかなりいるので，この判

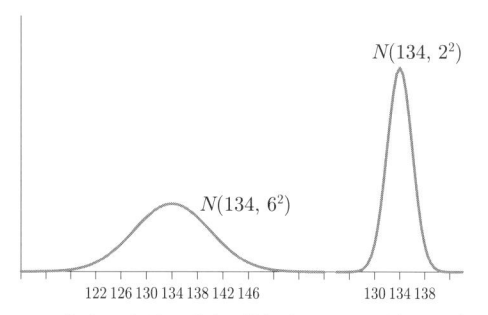

図 5-1　4 年生の身長の分布（左）と 9 人の平均の分布（右）

定はいささか乱暴なようにも思えるが，判定は 9 人の平均の分布によって決められており，上にあげた $\bar{x}_0$ の決め方の経緯によれば，このような主張 D を行った際に生ずる誤りの確率は 5%（確率 1/20）となる．もしこのような主張の誤りの確率をもっと小さくしたいのならば，たとえば $\bar{x}_0 = 138.65$ cm とすれば，その時の誤りの確率を 1%（確率 1/100）以下にすることもできる．いずれにせよ，観測された平均値の値にある限界値を設け，その値を超えていれば想定されている分布から外れている（その分布から得られたものではない）と主張するのである．

ところが，この判定法では別の誤りをおかす恐れがある．仮にこの児童の身長が，実際には 5 年生の身長の分布 Π_2 から得られたデータであったとすると，上と同じように Π_2 から得られた大きさ $n = 9$ のランダムサンプルの標本平均の標本分布は $N(139, 2.0^2)$ となる．すると，図 5-2 からわかるように Π_2 からランダムに得られた 9 人分のデータであっても，その平均が $\bar{x}_0 = 137.29$ cm に満たない場合があり，その確率は 0.196（19.6%）となる（図の A の部分）．これは，判断基準 D によれば，「実際には Π_2 から得られたデータであるにもかかわらず，Π_2 からのデータとはみなされない」という誤りになる．なお，この値も判断基準の値を変えることで大きくも小さくもなることがわかる．

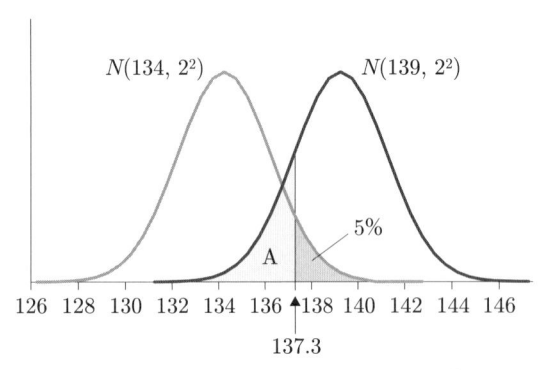

図 5-2　$N(134.0, 2.0^2)$ と $N(139.0, 2.0^2)$

あらためて前述の統計的仮説検定の仕組みを整理してみよう．

ここに，ある学年の児童の身長のデータ $X_1, X_2, \ldots, X_n$ が与えられているが，これらの値が想定している学年のものなのかどうかわからない．また，これらの値はこの学年のデータとしては少し大きすぎるのではないかと考えられているとする．当該学年の身長の分布を，$\Pi_1 : N(\mu_0, \sigma^2)$ とする．

そこで，次のように考える．仮にそれらのデータがその学年の身長の分布 $N(\mu_0, \sigma^2)$ にしたがうとする．（これを「帰無仮説（null hypothesis）」とよび，通常 $H_0 : \mu = \mu_0$ と表す．）これに対し，実験や推論の際の根拠にあたる部分，つまり，この場合は学年がもっと上ではないかという疑念を対立仮説（alternative hypothesis）として立てる（この場合には $H_1 : \mu > \mu_0$ と書かれる）．

仮説 $H_0 : \mu = \mu_0$ のもとで，標本平均 $\bar{X}$ の分布は $N(\mu_0, \sigma^2/n)$ となるが，この分布の上側（値の大きい方）に注目し，上側確率が 5% となる点 $\bar{x}_0$ をとり，判断基準 D：「データの平均値が $\bar{x}_0$ cm 以上であれば，得られたデータはこの分布にはしたがわない」を設けることにする（このとき設定した確率（5%）を有意水準（level of significance）とよぶ）．値 $\bar{x}_0$ よりも大きい領域で仮説 H_0 を捨てることになり，この領域を棄却域とよぶ．

この場合，標準化量 Z について
$$Z = \frac{\bar{X} - \mu_0}{\sigma/\sqrt{n}} \sim N(0,1)$$
なので，有意水準の値に合わせて $\bar{x}_0$ の値を決めることができる．上の例では $(\bar{x}_0 - 134.0)/(6.0/\sqrt{9}) = 1.645$ から $\bar{x}_0 = 137.29$ が得られる．なお，1.645 は標準正規分布 $N(0,1)$ の上側 5% 点である．

もともとデータが Π_1 からのものであったとしても，$\bar{x}_0$ cm を超えることは（5% の確率で）あるわけなので，この判断では「この学年からのデータであるにもかかわらず，そうではない」とみなすという誤りが生ずる．（これを「第 1 種の過誤（type I error）」とよぶ．）

ところが，上の例でみたように，上の学年の児童 n 人の平均値をとってもこの基準値を超えないことがあり，その場合には「より大きな母平均を持つ正規分布にしたがっているにもかかわらず，そうとはみなされない」という誤りをおかすことになる（これを「第 2 種の過誤（type II error）」とよぶ）．

表 5-1 第一種と第二種の過誤

		データの真の学年	
		4 年生	5 年生
判定	4 年生	正しい判定	第 2 種の過誤
	5 年生	第 1 種の過誤	正しい判定

上記のような手順で検定が組み立てられる．帰無仮説のもとでの標本平均 $\bar{X}$ の標本分布は確定するが，対立仮説のもとでの分布（μ の値）は不明である．そこで，統計的仮説検定では第 1 種の過誤の確率に注目し，この値，すなわち有意水準をコントロールするように検定が組み立てられている．判断基準を仮説 H_0 のもとでの統計量の値にもとづいて表現しているのは，この理由によるのである．

🍃 母集団比率を例として

次に，母集団比率の検定を次の例を通して考えてみよう．

ある通信販売の会社では郵送したカタログによって商品説明を行い顧客を開発している．ところで，従来の手法による顧客の反応率は平均的に 10% で，その会社では反応率を上げるべく新たなカタログによる販売システムを開発した．このシステムによるカタログを 5,000 人に送ったところ，540 人の顧客から反応があった．このとき，従来の手法から新システムに変えるという判断はとれるだろうか．

この場合も前の身長の場合と同じように考えを進めていく．

1. 反応率の大きさについての情報はないので，とりあえず「従来と同じ反応率である」として考えてみる．反応率を p とおけば，$p = 0.1$（帰無仮説 H_0）である．

2. 「新システムの方が良い」という期待感は当然あり，この場合には反応率は $p > 0.1$ となる（対立仮説 H_1）．これも実験を行う根拠，期待感や本音を示した部分を表現したものである．

3. 仮説 H_0 のもとでの反応数の分布を考える．この場合，5,000 通の結果による反応数 x は，二項分布 $B(5,000, 0.10)$ にしたがう．

4. 判定基準をつくる．この分布の上側 5% 点に対応する値 x_0 を求め，それ以上の値であれば仮説 H_0 を捨てる（新システムの方が良いとする）．このとき，この 5% を有意水準とよぶ．「仮説が正しいにも関わらずそれを捨てる」という第 1 種の誤りの確率を有意水準でコントロールすることになる．

5. 第 1 種の過誤の確率を小さくすることはできるが，そうすると実際には新システムの方が良いにも関わらず，正しく評価されないという第 2 種の過誤の確率が増大する恐れがある．ここで $1 - \Pr(第 2 種の過誤)$ を検出力（power）とよんでいる．これは，対立仮説 H_1 が真のときに，正しく判定する確率である．ただし，この

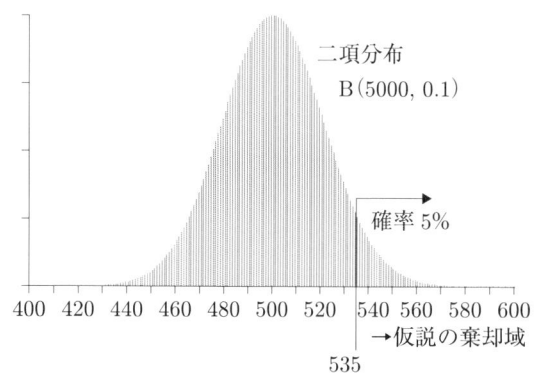

図 5-3 仮説の棄却域

場合の反応率 p の値は不明なので実際にはこの確率を評価することはできない.

6. 図 5-3 に見るように二項分布は n が大きいとき正規分布で近似できる (2.4 節参照). そこで,上のステップ 3 で,二項分布の正規近似を使うと, 仮説 $H_0 : p = p_0$ のもとで

$$X \sim B(n,\ p_0) \implies X \sim N(np,\ np_0(1-p_0))$$

となり, 比率 $\hat{p} = X/n$ については, 標準化して表わすと

$$Z = \frac{\hat{p} - p_0}{\sqrt{\dfrac{p_0(1-p_0)}{n}}} \sim N(0,\ 1)$$

と書くことができる. この式が, 判定基準を設けるための統計量として用いられる.

7. 上のデータでは, 帰無仮説 $H_0 : p = 0.1$, 対立仮説 $H_1 : p > 0.1$ とし, 有意水準を 5% とする. 実際に得られた値は $n = 5{,}000$, $x = 540$ なので, $\hat{p} = 540/5{,}000 = 0.108$. したがって, 検定統計量の値は

$$z = \frac{0.108 - 0.100}{\sqrt{0.1 \times 0.9/5,000}} = 1.8856.$$

この値は，上側 5% 点 1.645 を超えており，仮説 H_0 は捨てられることになる（新システムの方がよい）．なお，計算された z の値 1.8856 に対応する上側確率を P-値（P-value）とよんでいるが，この場合その値は 0.0297 である．

🍀 用語の整理

　統計的仮説検定は分布に依存して組み立てられるが，分布を想定してもなお考えるべき点は多い．本章では母集団分布として正規分布を想定しその母数を検定する場合と，二項分布を想定しその母集団比率を検定する統計的仮説検定の問題を扱っていくが，上で述べてきたことをふまえ，仮説検定で通常用いられる用語を整理しておく．

- **母数（パラメータ）**：どの母数について検定するか．母集団比率か，母平均か，あるいは母分散についての検定かなど．
- **母集団（考えているグループ（群））の数**：1 標本，2 標本，k 標本．これは 1 つの母数についての検定か 2 つ以上の母数の比較かという形で表れる．
- **考えている母数とは異なる母数の影響**：たとえば，母平均の検定において母分散をどう取り扱うか．既知か未知かなど．
- **対立仮説**：片側仮説，両側仮説．仮説の棄却域に関係する．
- **帰無仮説 H_0 と対立仮説 H_1**：実験の主張にそって仮に設けられた仮説と実験の根拠となる仮説．
- **検定統計量**：仮説の検定のために用いられる判定関数．データから得られた値によって計算し，仮説を棄却するか否かを決める．
- **第 1 種の過誤**：帰無仮説 H_0 が正しいにもかかわらず H_0 を捨てる過誤．

- **第 2 種の過誤**：帰無仮説 H_0 が誤りである（H_1 が正しい）にもかかわらず H_0 を採択する過誤．
- **検出力**：仮説 H_0 が誤りのときにそれを誤りと判定する確率．すなわち，対立仮説が正しいときにそれを是とする確率（$= 1 - \Pr(\text{第 2 種の過誤})$）．
- **有意水準**：第 1 種の過誤の確率を評価する水準．通常は実験に先立って設定し，値は 5% か 1% の場合が多い．これは検定による判断の誤りの確率が 20 回に 1 回ないし 100 回に 1 回のレベルであることを意味している．
- **棄却域**：有意水準に合わせて決められる仮説を捨てる領域．
- **P-値**：仮説 H_0 のもとで検定統計量の実現値に対応する値の起こる確率．

5.2 母集団比率の検定

本節からは母数の検定について具体的な方法を順次述べていくことにする．

比率の検定：1 標本

与えられた母集団 Π において，ある属性 C を持つものの占める割合（あるいは比率）が p で与えられ，その値が指定された値 p_0 よりも大きいかどうかを判定したい．

母集団から得られた大きさ n のサンプルについて，属性 C の占める数が X であったとする．すると，3.3 節で述べた中心極限定理より，$\hat{p} = X/n$ の分布は正規分布 $N(p, p(1-p)/n)$ によって近

似される．このことを利用し，次のような手続きによって検定法を組み立てていく．

1. 有意水準 α を決める．
2. 帰無仮説 $H_0 : p = p_0$ と対立仮説 H_1 を設定する．対立仮説[1]は次のいずれか 1 つになる．

$H_1 : p > p_0$ または $H_1 : p < p_0$ （片側検定）

あるいは

$H_1 : p \neq p_0$ （両側検定）

3. 帰無仮説 H_0 のもとでの $\hat{p}$ の分布を用い，

$$\text{統計量} : \quad Z = \frac{\hat{p} - p_0}{\sqrt{\dfrac{p_0(1-p_0)}{n}}} \tag{5.1}$$

が，正規分布 $N(0, 1)$ にしたがうことを使って検定する．

4. 結論を出す．判定は有意水準の値と対立仮説の設定のしかたで異なってくるが，データから導びかれた計算結果である z の値（Z の実現値）によって次のように帰無仮説を棄却するか否かを決定する．

棄却域は次のようになる．

片側検定：$z \geq z(2\alpha)$ （または $z \leq -z(2\alpha)$）

両側検定：$|z| \geq z(\alpha)$

上で使われている $z(\alpha)$ は標準正規分布 $N(0, 1)$ の両側 $100\alpha\%$ 点で，次表によく用いられる値をあげておく．

---

[1] 対立仮説の設定は両側が一般的で，このことは信頼区間でも平均から両側に信頼幅をとることに対応している．なお，「母集団比率が変化しているか」といった疑念を持って検定を行うときには両側検定，「母集団比率が増加しているか」と考えて検定を行う場合には片側検定を採用することになる．いずれにせよ，データを見てからどちらを採用するか判断することではない点は重要である．

表 5-2 正規分布のパーセント点

α	両側 %	片側	$z(\alpha)$
0.01	1%	0.5%	2.576
0.02	2%	1%	2.33
0.05	5%	2.5%	1.96
0.10	10%	5%	1.645

上にあげた棄却域を，対立仮説との関係で示すと次の図のようになっている．

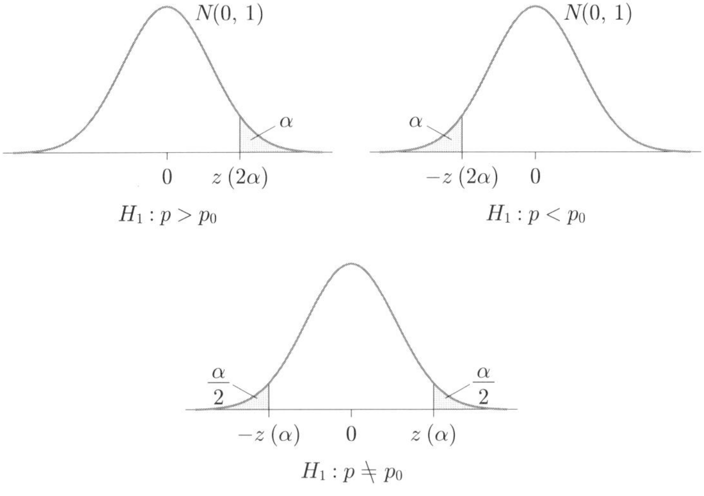

図 5-4 対立仮説 H_1 と仮説 H_0 の棄却域

例 5.1

ある月の内閣支持率調査で，調査した 2800 人の中で内閣を支持すると回答した人が 1260 人であった．今回の母集団支持率は，前回の調査結果 47% を仮説値とみなしたとき，その値よりも支持率が下がったとみてよいか．

この問題は，前回調査の諸情報があれば次にあげる比率の差の検定を用いて検定を行う．ここでは前回の結果を仮説値

$p_0 = 0.47$ とみなし，1 標本の比率の検定として考えてみる．
帰無仮説と対立仮説を $H_0 : p = 0.47$, $H_1 : p < 0.47$ とする．
また，有意水準を 5% とする．

$\hat{p} = 1260/2800 = 0.45$ で，検定の式に代入すると
$$z = \frac{0.45 - 0.47}{\sqrt{0.47 \times (1 - 0.47)/2800}} = -2.120.$$

仮説は左側で捨てることになるが，片側 5% 点は -1.645．したがって仮説 H_0 は棄却され，支持率は前回より下がったとみてよい．

なお，$z = -2.120$ に対応する正規分布確率の値を P-値とよぶが，この場合 P-値は 0.017 である．

比率の差の検定：2 標本

母集団比率 p_1 と p_2 を持つ 2 つの母集団 Π_1, Π_2 から得られた大きさ n_1 および n_2 の標本のうち属性 C を持つものの個数を X_1, X_2 とする．標本比率 $\hat{p}_1 = X_1/n_1$, $\hat{p}_2 = X_2/n_2$ にもとづいて，2 つの母集団比率 p_1 と p_2 の差についての検定を行う．

母集団比率 p_1 と p_2 に差があるかどうかを見るために，標本にもとづく差 $\hat{p}_1 - \hat{p}_2$ を用いるが，推定量 $\hat{p}_1$ と $\hat{p}_2$ の標本分布を正規分布によって近似し，検定法を組み立てていく．3.3 節から

$$\hat{p}_1 \sim N\left(p_1, \frac{p_1(1-p_1)}{n_1}\right), \quad \hat{p}_2 \sim N\left(p_2, \frac{p_2(1-p_2)}{n_2}\right)$$

であり，3.2 節の正規分布にしたがう変数の差の分布から

$$\hat{p}_1 - \hat{p}_2 \sim N\left(p_1 - p_2, \frac{p_1(1-p_1)}{n_1} + \frac{p_2(1-p_2)}{n_2}\right)$$

となる．帰無仮説を $H_0 : p_1 = p_2$ とし，$p_1 = p_2 \equiv p$ とおくと，差の分布は

$$\hat{p}_1 - \hat{p}_2 \sim N\left(0, \left(\frac{1}{n_1} + \frac{1}{n_2}\right) p(1-p)\right).$$

ここで，p の推定量として $\hat{p} = \dfrac{X_1 + X_2}{n_1 + n_2}$ を用い，標準化変量を作り，(5.2) にあげる検定統計量が得られる．

以上のことから，比率の差の検定についての手順は次のように与えられる．

1. 有意水準 α を決める．
2. 帰無仮説 $H_0 : p_1 = p_2$ と対立仮説 H_1 を設定する．対立仮説は次のいずれか 1 つになる．

 $H_1 : p_1 > p_2$ または $H_1 : p_1 < p_2$（片側検定）

あるいは

 $H_1 : p_1 \neq p_2$（両側検定）

3. 検定統計量は次の通りである．統計量 Z は標準正規分布 $N(0,1)$ にしたがう．

$$\text{統計量}: Z = \sqrt{\frac{n_1 n_2}{n_1 + n_2}} \frac{\hat{p}_1 - \hat{p}_2}{\sqrt{\hat{p}(1-\hat{p})}}, \quad \hat{p} = \frac{X_1 + X_2}{n_1 + n_2}. \tag{5.2}$$

4. データから得られる 3 つの比率 $\hat{p}_1$, $\hat{p}_2$ および $\hat{p}$ を上の式に用いて計算結果（Z の実現値）z を得る．

5. 結論を出す．有意水準の値と対立仮説の設定のしかたで異なってくるが，1 標本の場合と同じで，棄却域は次のようになる．

 片側検定：$z \geq z(2\alpha)$（または $z \leq -z(2\alpha)$）
 両側検定：$|z| \geq z(\alpha)$

> **例 5.2**
>
> 内閣府による体力・スポーツについての調査で，「日頃運動不足を感じるか」との質問に対し，男性 878 名中 619 名，女

性 1042 名中 803 名が運動不足を感じると答えた．男性と女性で運動不足を感じている人の割合に違いがあるといえるか．有意水準は 5% とする．

男性と女性の母集団で運動不足を感じている割合をそれぞれ p_1, p_2 とする．帰無仮説は $H_0 : p_1 = p_2 (= p)$，対立仮説を $H_1 : p_1 \neq p_2$ と設定する．

$\hat{p}_1 = 619/878$, $\hat{p}_2 = 803/1042$, $\hat{p} = 1422/1920$．(5.2) 式によって検定統計量を計算すると $z = -3.268$．この場合は両側検定で，仮説の棄却域は $|z| \geq 1.96$．計算された値は棄却域に含まれ，仮説 H_0 は棄却される（2 つの母集団比率は等しいとはいえない）．このとき $z = -3.268$ なので，P-値は 0.001 である．

5.3 正規分布の母数の検定

(1) 母平均の検定：1 標本

正規母集団 $N(\mu, \sigma^2)$ からとられた大きさ n の標本にもとづく標本平均 $\bar{X}$ は 3.2 節で述べたように，正規分布 $N(\mu, \sigma^2/n)$ にしたがう．このことを使って検定統計量を組み立てる．

検定の手順は比率の検定で述べたことと同じだが，あらためて一般的な手順を説明しておく．

1. 有意水準 α を決める．
2. 帰無仮説 $H_0 : \mu = \mu_0$，と対立仮説 H_1 を設定する．対立仮説は次のいずれか 1 つになる．

　　$H_1 : \mu > \mu_0$ または $H_1 : \mu < \mu_0$ （片側検定）

あるいは

$H_1 : \mu \neq \mu_0$（両側検定）

(a) 分散 σ^2 が既知の場合

検定統計量は次のとおりである．統計量 Z は標準正規分布 $N(0,1)$ にしたがう．

$$統計量 \ : \ Z = \frac{\bar{X} - \mu_0}{\sigma/\sqrt{n}}. \tag{5.3}$$

データから得られた平均値の値を上の式に用いて，計算結果 z を得る．有意水準の値と対立仮説の設定のしかたで異なってくるが，棄却域は次の通りである．

片側検定：$z \geq z(2\alpha)$，（または $z \leq -z(2\alpha)$）

両側検定：$|z| \geq z(\alpha)$．

$z(\alpha)$ は正規分布 $N(0,1)$ の両側 $100\alpha\%$ 点で，いくつかの値を表 5-2 に与えてある．

分散だけが既知という仮定はかなり強く，あまり一般的とはいえない．しかし，統計的仮説検定を考える上では基本的な場合である．

例 5.3 付録 A，別表のデータ

D01 年度の前期試験結果について，母平均 $\mu_0 = 60.0$ と見てよいかを検定する．

有意水準を 5%，帰無仮説 $H_0 : \mu = 60.0$，対立仮説 $H_1 : \mu \neq 60.0$ として検定．σ は既知で $\sigma = 12.0$ として検定する．

データから $n = 16$，$\bar{x} = 59.9$．したがって $z = (59.9 - 60.0)/(12.0/\sqrt{16}) = -0.021$．両側検定の 5% 点は $z(0.05) = 1.96$ だから，有意水準 5 パーセントで仮説は棄却されない．

以下にあげる検定のそれぞれについても検定の手順は比率の

検定や，分散既知のところで述べたものと同じである．母集団との関係にしたがって事例ごとに順次列記していく．

なお，以下の計算で用いる分散は

$$\text{不偏分散} \quad : \quad U^2 = \frac{1}{n-1}\sum_{i=1}^{n}(X_i - \bar{X})^2$$

である．

(b) 分散 σ^2 が未知の場合

標本平均 $\bar{X}$，不偏分散 U^2 とすると t-統計量

$$\text{統計量} \quad : \quad t = \frac{\bar{X} - \mu_0}{U/\sqrt{n}}, \tag{5.4}$$

は自由度 $n-1$ の t-分布にしたがう．この式にデータから得られた値を適用し検定を行う．

仮説の棄却域は次のとおりである．

片側検定：$t \geq t_{n-1}(2\alpha)$，（または $t \leq -t_{n-1}(2\alpha)$）
両側検定：$|t| \geq t_{n-1}(\alpha)$．

ここで，$t_n(\alpha)$ は自由度 n の t-分布の両側 $100\alpha\%$ 点である．巻末の t-分布表を用い，自由度と有意水準との関係にしたがって値を求める．

例 5.4 付録 A，別表のデータ

例 5.3 と同じ設定で，分散は未知として検定する．

データから $n = 16$ で $\bar{x} = 59.9$, $u = 12.27$．したがって $t = (59.9 - 60.0)/(12.27/\sqrt{16}) = -0.020$．自由度 15 の t-分布の両側 5% 点は $t_{15}(0.05) = 2.131$ なので，仮説 H_0 は有意水準 5% で棄却されない．

🍀 (2) 母平均の差の検定：2 標本

2つの正規母集団 $N(\mu_1, \sigma_1^2)$, $N(\mu_2, \sigma_2^2)$ からとられた大きさ n_1 および n_2 の標本にもとづいて母平均の差についての検定を行う．得られた標本平均をそれぞれ $\bar{X}_1, \bar{X}_2$ とする．

帰無仮説は $H_0 : \mu_1 = \mu_2$, 対立仮説 H_1 は次のいずれか1つである．

$H_1 : \mu_1 > \mu_2$ または $H_1 : \mu_1 < \mu_2$，（片側検定）

あるいは

$H_1 : \mu_1 \neq \mu_2$．（両側検定）

A. 2 つの観測値の間に対応が無い場合

2つの母集団からの観測値がそれぞれ独立に得られている場合である．分散についての情報に合わせいくつかのケースに分けられる．

(a) 分散 σ_1^2, σ_2^2 が既知

2つの母集団の標本平均 $\bar{X}_1$ と $\bar{X}_2$ を求め，次の統計量を計算する．Z は仮説 H_0 のもとで，標準正規分布にしたがう．

$$統計量 \quad : \quad Z = \frac{\bar{X}_1 - \bar{X}_2}{\sqrt{\sigma_1^2/n_1 + \sigma_2^2/n_2}}. \tag{5.5}$$

有意水準を α としたときの仮説の棄却域は1標本，分散既知の場合と同じである．

例 5.5 付録 A，別表のデータ

D01 年度および D02 年度前期試験の母平均の差を，分散既知として検定する．有意水準は5%とし，帰無仮説は $H_0 : \mu_1 = \mu_2$, 対立仮説は $H_1 : \mu_1 \neq \mu_2$（両側検定）とする．

データから $n_1 = 16$, $\bar{x}_1 = 59.9$, $n_2 = 20$, $\bar{x}_2 = 64.4$, $\sigma_1 = \sigma_2 = 6.0$（既知）とすると上の式から $z = -2.193$．両側5%点は 1.96 なので，仮説 $H_0 : \mu_1 = \mu_2$ は棄却され，2つの母平

均に差があるといえる.

(b) 分散未知:等分散 $\sigma_1^2 = \sigma_2^2$ が仮定できる場合

標本平均 $\bar{X}_1, \bar{X}_2$,不偏分散 U_1^2, U_2^2 に対して次の統計量を計算し,検定を行う. t は自由度 $n_1 + n_2 - 2$ の t-分布にしたがう.

$$\text{統計量} \quad : \quad t = \sqrt{\frac{n_1 n_2}{n_1 + n_2}} \frac{\bar{X}_1 - \bar{X}_2}{U},$$
$$U^2 = \frac{(n_1 - 1)U_1^2 + (n_2 - 1)U_2^2}{n_1 + n_2 - 2}. \tag{5.6}$$

有意水準 α としたときの仮説の棄却域は次のようになる.

片側検定:$t \geq t_{n_1+n_2-2}(2\alpha)$, (または $t \leq -t_{n_1+n_2-2}(2\alpha)$)
両側検定:$|t| \geq t_{n_1+n_2-2}(\alpha)$.

例 5.6 付録 A,別表のデータ

例 5.5 を分散未知,等分散の仮定のもとで検定する.仮説などの設定は例 5.5 と同じとする.データから $n_1 = 16$, $n_2 = 20$ で,$u_1^2 = 150.60$, $u_2^2 = 148.56$, $u^2 = 149.46$.これから,$t = -1.076$.自由度は 34 で,$t_{34}(0.05) = 2.032$.したがって,仮説 H_0 は棄却されない.

(注 1) この結果は例 5.5 の結果と異なるが,例 5.5 では意識して分散を小さく設定したためにこのような違いが生じている.分散既知であるとしてもこのようなことが起こりうるので,実用の場ではその値の採用に注意が必要である.

(注 2) 2 つの母集団の分散が等しいか否か(等分散が仮定できるかどうか)については,後にあげる母分散の検定が使われる.

(注 3) ここであげている例題のように,実用の場では同じ

問題を条件を変えて検定し有意性を判断することはしない．実際は実験を計画し，データを収集する段階から検定法は設定されており，それに沿って実行する場合が多い．本書では検定法の違いを説明するために同じ例題に異なる方法を適用しているが，この点誤解の無いようにしていただきたい．

(c) 分散未知：等分散が仮定できない場合 ($\sigma_1^2 \neq \sigma_2^2$)

標本平均 $\bar{X}_1, \bar{X}_2$，不偏分散 U_1^2, U_2^2 に対して次の統計量を計算し，検定を行う．

$$\text{統計量}: \quad t = \frac{\bar{X}_1 - \bar{X}_2}{U}, \quad U^2 = \frac{U_1^2}{n_1} + \frac{U_2^2}{n_2}. \tag{5.7}$$

この場合，t が自由度

$$\nu = \left(\frac{U_1^2}{n_1} + \frac{U_2^2}{n_2}\right)^2 \bigg/ \left(\frac{1}{n_1-1}\left(\frac{U_1^2}{n_1}\right)^2 + \frac{1}{n_2-1}\left(\frac{U_2^2}{n_2}\right)^2\right).$$

の t-分布にしたがうことを利用して検定する．この検定法はウェルチの検定とよばれる．

検定の方式は上の等分散を仮定した場合と同じで，自由度をここで計算した値に変えればよい．自由度は計算した値に近い整数値をとるか，t-分布表の値を比例配分して t-値を決めるとよい．

例 5.7 付録 A，別表のデータ

例 5.6 を分散未知，ウェルチの検定によって検定する．

データから，合併した分散 $u^2 = 16.84$，$t = -1.075$．自由度は上式から $\nu = 32.2$．t-分布表から $t_{32}(0.05) = 2.037$，$t_{33}(0.05) = 2.035$ で，仮説は棄却されない．

B. 2つの観測値間に対応がある場合

2次元正規分布 (2.40) からの標本の場合で，観測値の組を $(X_i, Y_i), (i = 1, 2, \ldots, n)$ とおくと，差 $W_i = X_i - Y_i$ は未知分散 σ^2 を母数として，正規分布 $N(\mu_x - \mu_y, \sigma^2)$ にしたがう．X_i と Y_i には対応があり，互いに独立な変数とはいえない．したがって，$\mu = \mu_x - \mu_y$ とおけば，この場合は分散未知の1標本の場合に帰着する．帰無仮説は $H_0 : \mu = 0, (\mu_x - \mu_y = 0)$ となるので，検定統計量は次のように書ける．U_w^2 は差 W_i についての不偏分散である．

$$\text{統計量} \quad : \quad t = \frac{\bar{W}}{U_w/\sqrt{n}} \qquad (5.8)$$

とおくと t は自由度 $n-1$ の t-分布にしたがう．

例 5.8 付録 A，別表のデータ

D01年度の前期・後期の母平均間の差を検定する．

帰無仮説を $H_0 : \mu = 0, (\mu_x = \mu_y)$，対立仮説を $H_1 : \mu \neq 0$ とおく．

前期と後期のデータの差をとった値の平均 $\bar{w} = -6.62$，分散 $u_w^2 = 136.52 = 11.68^2$．したがって $t = -6.62/(11.68/\sqrt{16}) = -2.268$．自由度 15 の t-分布の両側 5% 点は $t_{15}(0.05) = 2.131$ なので有意水準 5% で仮説 H_0 は棄却され，差があるといえる．

(3) 母分散の検定：1標本

母分散の場合についても仮説検定の考え方は母平均の場合と基本的には変わらない．この場合，標本分散の標本分布を使って検定を組み立てる．以下，1標本と2標本の場合に分けて説明する．なお，標本平均と不偏分散についての表記はこれまでと同じである．

正規母集団 $N(\mu, \sigma^2)$ からの大きさ n の標本 $X_1, X_2, \ldots, X_n$ にもとづいて母分散 σ^2 がある値 σ_0^2 と等しいかどうかを検定する問題を考える．ただし μ は未知とする．

変数 $X_1, X_2, \ldots, X_n$ が正規分布 $N(\mu, \sigma^2)$ にしたがうとき，3.2 節で述べたように，統計量

$$\chi^2 = \frac{1}{\sigma^2} \sum_{i=1}^{n}(X_i - \bar{X})^2$$

は自由度 $n-1$ の χ^2-分布にしたがう．このことを用いて検定は組み立てられる．ここで次の統計量を考える．

$$統計量 ： \chi^2 = \frac{(n-1)U^2}{\sigma^2}. \tag{5.9}$$

この χ^2-統計量は自由度 $n-1$ の χ^2-分布にしたがう．そこで次のように検定する．

帰無仮説 $H_0 : \sigma^2 = \sigma_0^2$

対立仮説が片側 $H_1 : \sigma^2 > \sigma_0^2$ （または $\sigma^2 < \sigma_0^2$）のとき，棄却域は $\chi^2 \geq \chi_{n-1}^2(\alpha)$ （または $\chi^2 \leq \chi_{n-1}^2(1-\alpha)$）．

対立仮説が両側 $H_1 : \sigma^2 \neq \sigma_0^2$ のとき，棄却域は $\chi^2 \leq \chi_{n-1}^2(1-\beta)$ または $\chi^2 \geq \chi_{n-1}^2(\gamma)$, $(\beta + \gamma = \alpha)$．

なお，$\chi_{n-1}^2(\alpha)$ は自由度 $n-1$ の χ^2-分布の上側 $100\alpha\%$ 点である．

例 5.9 付録 A，別表のデータ（D01 年，前期）

例 5.3 では分散既知として検定したが，前期試験について
$H_0 : \sigma^2 = 144$, $H_1 : \sigma^2 \neq 144$
を検定する．$n = 16$ で，データから $U^2 = 150.60$．これから (5.9) 式の $\chi^2 = 15.69$．自由度 15 の χ^2 のパーセント点は $\chi_{15}(0.025) = 27.49$, $\chi_{15}^2(0.975) = 6.26$ となり，仮説は棄却

されない.

(4) 母分散の検定：2 標本

2つの正規母団 $N(\mu_1, \sigma_1^2)$, $N(\mu_2, \sigma_2^2)$ からとられた大きさ n_1 および n_2 の無作為標本にもとづいて母分散の差についての検定を行う．ただし μ_1, μ_2 は未知とする．

不偏分散をそれぞれ U_1^2, U_2^2 とすると，統計量

$$F = \frac{U_1^2}{U_2^2} \tag{5.10}$$

は自由度の組 (n_1-1, n_2-1) の F-分布にしたがう．U_1^2, U_2^2 はそれぞれ σ_1^2, σ_2^2 の不偏推定量で，この統計量 F は2つの不偏分散 U_1^2, U_2^2 のズレを表わしている．分散比とよばれるこの統計量の分布は 3.2 節で考察したが，この統計量を用いて検定を組み立てる．

有意水準 α による検定で，帰無仮説は $H_0 : \sigma_1^2 = \sigma_2^2$ とする．対立仮説 $H_1 : \sigma_1 > \sigma_2$（または $\sigma_1 < \sigma_2$）（片側）のときは，棄却域は $F \geq F_{n_1-1,n_2-1}(\alpha)$（または $1/F \geq F_{n_1-1,n_2-1}(\alpha)$）．

対立仮説 $H_1 : \sigma_1 \neq \sigma_2$（両側）のときは，棄却域は $F \geq F_{n_1-1,n_2-1}(\alpha/2)$．

（注）両側検定では有意水準の棄却域は F の実現値が

$$F \geq F_{n_1-1,n_2-1}(\alpha/2) \text{ または } F \leq F_{n_1-1,n_2-1}(1-\alpha/2)$$

のいずれかであれば，仮説 H_0 を棄てることになる．ただし，2番目の不等式の F-分布の％点に対応する表（$F_{n_1,n_2} < 1$ の場合）は一般につくられていない．そこで，計算上は最初から $F \geq 1$ となるように分散比 F をとっておくようにする．

例 5.10　付録 A，別表のデータ（D01 年度）

前期と後期の成績の分散の同等性を両側対立仮説に対し検定する．

$n_1 = 16$, $n_2 = 16$ で，$U_1^2 = 150.60$, $U_2^2 = 182.66$ なので，(5.10) 式で $F = U_2^2/U_1^2$ として計算し，$F = 1.213$．自由度の組 $(15, 15)$ の F-分布の下側 2.5％ 点は 0.349，上側 2.5％ 点は 2.862 で，等分散の仮説は棄却されない．

5.4　統計的検定の考え方

本節では統計的仮説検定の基礎にある考え方や性質を，正規分布の母数の検定を中心に述べておきたい．

まず，正規分布 $N(\mu, \sigma^2)$ の母平均 μ についての検定を考えることにして，密度関数を

$$f(x, \mu) = \frac{1}{\sqrt{2\pi}\sigma} e^{-\frac{(x-\mu)^2}{2\sigma^2}} \tag{5.11}$$

とおく．

統計的仮説検定で扱う仮説は確率分布の母数に関する主張で，この場合，母平均と母分散の 2 つの母数に関するものである．仮説は次の 2 つのタイプに分類される．

仮説が分布関数のすべての母数の値を指定しているときに単純仮説（simple hypothesis），そうでないときに複合仮説（composite hypothesis）とよぶ．

5.1 節の冒頭では正規分布の母平均の検定の考え方を述べたが，仮説として，帰無仮説は $H_0 : \mu = \mu_0$（4 年生），対立仮説は $H_1 : \mu = \mu_1$（5 年生），そして，分散 σ^2 は既知として考察を進めた．

これは，帰無仮説，対立仮説ともに単純仮説の例である．上の例で，対立仮説を $H_1 : \mu > \mu_0$ と設定すると複合仮説となる．一般には単純仮説に対し良い検定を構築することは複合仮説の場合よりもより簡単である．

次に，良い検定を構築するための考え方を述べる．

単純仮説と最良な検定

異なる検定の相対的な良さを考えるために，第一種の過誤の水準が α であるような検定を考える．その上で，第二種の過誤の水準 β を最小にする検定を最良の検定（最強力検定，most powerful test）とよぶことにする．これに対し次にあげるネイマン・ピアソン（Neyman-Pearson）の基本定理がある．

この定理による結論は直感的には大変合理的であって，観測値にもとづいて作られる H_0 の棄却域が，H_1 に対しても最も好ましい位置を示している．

密度関数 $f(x, \mu)$ を持つ母集団からとられた大きさ n の無作為標本を $X_1, X_2, \ldots, X_n$ とおく．単純帰無仮説 $H_0 : \mu = \mu_0$ に対し，単純対立仮説 $H_1 : \mu = \mu_1$ を検定する問題を考える．このとき，ネイマン・ピアソンの基本定理は次のように述べられる．なお，水準 α の棄却域とは，第一種の過誤の確率をおかす確率が α であるような棄却域のことを指している．

ネイマン・ピアソンの基本定理

水準 α の棄却域 A に対し A 内で

$$\frac{\prod_{i=1}^{n} f(x_i, \mu_1)}{\prod_{i=1}^{n} f(x_i, \mu_0)} \geq k$$

A 外で

$$\frac{\prod_{i=1}^{n} f(x_i, \mu_1)}{\prod_{i=1}^{n} f(x_i, \mu_0)} \leq k$$

となる k が存在するとき，A は水準 α の最良の，すなわち第 2 種の過誤の確率を最小にする棄却域である．

例 5.11 正規分布の母平均の検定

このネイマン・ピアソンの定理を，正規分布の母平均の例に応用してみよう．分散が 1 の正規分布 $N(\mu, 1)$ において

$$H_0 : \mu = \mu_0, \quad H_1 : \mu = \mu_1 < \mu_0$$

についての検定を考える．この場合，密度関数は

$$f(x, \mu) = \frac{1}{\sqrt{2\pi}} e^{-(x-\mu)^2/2}$$

なので

$$L_0 \equiv \prod_{i=1}^{n} f(x_i, \mu_0) = (2\pi)^{-n/2} e^{-\sum_{i=1}^{n}(x_i-\mu_0)^2/2},$$

$$L_1 \equiv \prod_{i=1}^{n} f(x_i, \mu_1) = (2\pi)^{-n/2} e^{-\sum_{i=1}^{n}(x_i-\mu_1)^2/2}.$$

したがって，定理における領域 A は

$$\frac{e^{-\sum_{i=1}^{n}(x_i-\mu_1)^2/2}}{e^{-\sum_{i=1}^{n}(x_i-\mu_0)^2/2}}$$
$$= \exp\left[-\frac{1}{2}\left\{\sum_{i=1}^{n}(x_i-\mu_1)^2 - \sum_{i=1}^{n}(x_i-\mu_0)^2\right\}\right] \geq k.$$

両辺の対数をとって，最終的に次の関係が得られる．

$$\bar{x} \leq \frac{2\log k + (\mu_1^2 - \mu_0^2)n}{2n(\mu_1 - \mu_0)} \tag{5.12}$$

k を適切に選ぶと，H_0 が真のときに $\Pr(\bar{X} \leq x_0) = \alpha$ となるような x_0 に対し $\bar{x} \leq x_0$ とすることができる．最良な棄却域は $\bar{X}$ の分布の左側のスソとなることがわかる[2]．

ネイマン・ピアソンの定理を適用し得られる棄却域は，上の結果から $\mu_1 < \mu_0$ ならばすべての対立仮説の値 μ に対し得られるので，より一般的な複合対立仮説 $H_1 : \mu < \mu_0$ に対しても最良な棄却域を与えてくれることがわかる．このことは $\mu_1 > \mu_0$ とした場合にもいえるので，複合対立仮説 $H_1 : \mu > \mu_0$ に対しても最良な検定となっている．

$H_0 : \mu = \mu_0$ に対し $H_1 : \mu \neq \mu_0$ とした場合には，ある μ_1 について，$\mu_1 < \mu_0$ のときには左側，$\mu_1 > \mu_0$ のときには右側が最良の棄却域になるため，すべての μ_1 に対する最良の棄却域は存在しない．つまり，上の定理は対立仮説を限定したときに成立していることがわかる．

尤度比検定

ネイマン・ピアソンの定理によって最良の検定が得られない場合や複合仮説の場合には，良い検定を得るための別な方法を考える必要がある．複合仮説を検定する方法は特別な場合として単純仮説を検定する場合も含むので，ここでは正規分布を例として複合仮説の観点から説明する．

---

[2] 有意水準を α とし，(5.12) 式の右辺の値を c とおくと $\bar{X}$ の分布を用いて $\Pr\left(\dfrac{\bar{X} - \mu_0}{1/\sqrt{n}} \leq \dfrac{c - \mu_0}{1/\sqrt{n}}\right) = \alpha$．したがって $\sqrt{n}(c - \mu_0) = -z(\alpha)$．これから $c = \mu_0 - z(\alpha)/\sqrt{n}$ で，$\bar{X} \leq \mu_0 - z(\alpha)/\sqrt{n}$ が最良な棄却域となる．

正規分布 $N(\mu, \sigma^2)$ は2つの母数を含むので，これを $\theta = (\mu, \sigma^2)$ とし，密度関数を $f(x; \theta)$ とおく．θ の存在範囲を母数空間 (Ω) とよぶ．この場合

$$\Omega = \{(\mu, \sigma^2) | -\infty < \mu < \infty, 0 < \sigma^2 < \infty\}$$

である．母数 θ についての仮説は母数空間 Ω のある部分集合 ω_0 に対して

$$H_0 : \theta \in \omega_0$$

という形で指定される．対立仮説は $\omega_1 \subset \Omega - \omega_0$ に対して

$$H_1 : \theta \in \omega_1$$

である．たとえば，帰無仮説 $H_0 : \mu = \mu_0$ では

$$\omega_0 = \{(\mu_0, \sigma^2) | 0 < \sigma^2 < \infty\}$$

である．

この母集団から得られた無作為標本を $X_1, X_2, \ldots, X_n$ とし，その実現値を $x_1, x_2, \ldots, x_n$，尤度関数を

$$L(\theta) = \prod_{i=1}^{n} f(x_i; \theta)$$

とおく．もし仮説 H_0 が正しければ，$L(\theta)$ は $\theta \in \omega_0$ のとき大きく，$\theta \in \omega_1$ のとき小さい値をとる．また，H_1 が正しければ，$\theta \in \omega_0$ のときよりも $\theta \in \omega_1$ のときに大きいと期待できる．そこで，母数をそれぞれの条件のもとで最尤推定量に置き換えた比

$$\lambda = \frac{L(\hat{\theta}_0)}{L(\hat{\theta})} \tag{5.13}$$

をつくる．$\hat{\theta}_0$ は $L(\theta)$ の ω_0 上での最尤推定量，$\hat{\theta}$ は Ω 上での最尤推定量である．

λ の分母はすべての母数について尤度関数の最大値を与えるものである．一方，分子は母数のすべてあるいは一部が帰無仮説 H_0 によって制約されたもとでの最大値を与えるものになっている．したがって，分子の値は分母の値を超えることはなく，λ の値は 0 と 1 の間の値をとる．尤度関数の値は与えられた実現値に対する確率密度（離散型分布の場合には確率）を与えているので，λ の値が 1 に近いことは仮説 H_0 の妥当性を示唆し，0 に近いことは仮説 H_0 のもとでは起こりにくいことを意味している．つまり，λ は仮説が真であるかどうかについての信頼の度合いを表している．そこで尤度比検定は次のように述べられる．

単純あるいは複合仮説 H_0 の検定に (5.13) 式の統計量 λ が用いられ，λ の標本からの実現値が (5.13) 式から得られる λ_0 に対し $\lambda \leq \lambda_0$ のときに仮説を棄却する．

最良な検定を得るためのネイマン・ピアソンによる考え方と，尤度比検定はともに 2 つの尤度の比を用いる点や直感に根ざしている点で類似している．なお，統計量 λ は理論的にいくつかの良い性質を持っていることが示されている．

ここで正規分布の母数の検定について，2 つの例をあげる．例 5.12 は仮説 H_0 が単純仮説だが，ネイマン・ピアソンの定理との違いをみるために，尤度比検定を使っている．ここでは対立仮説 H_1 は特定していない．2 つ目の例 5.13 では H_0 が複合仮説の場合を考える．

例 5.12 正規分布（単純仮説）

最良検定で扱ったときと同じ例を考える．分散が 1 の正規

分布 $N(\mu,1)$ において，帰無仮説 $H_0: \mu = \mu_0$ についての検定を考える．密度関数は

$$f(x,\mu) = \frac{1}{\sqrt{2\pi}} e^{-(x-\mu)^2/2}$$

なので，標本の実現値に対する尤度関数の値は

$$L(\mu) = (2\pi)^{-n/2} e^{-\sum_{i=1}^{n}(x_i-\mu)^2/2}.$$

これから μ の最尤推定量は $\hat{\mu} = \bar{x}$ となる．そこで，

$$L(\hat{\mu}) = (2\pi)^{-n/2} \exp\left[-\sum_{i=1}^{n}(x_i-\bar{x})^2\right].$$

帰無仮説 H_0 のもとで推定すべき母数はないので

$$L(\hat{\mu}_0) = (2\pi)^{-n/2} \exp\left[-\sum_{i=1}^{n}(x_i-\mu_0)^2\right].$$

したがって，(5.13) 式の λ は次のようになる．

$$\lambda = \exp\left[-\frac{1}{2}\left\{\sum_{i=1}^{n}(x_i-\mu_0)^2 - \sum_{i=1}^{n}(x_i-\bar{x})^2\right\}\right]$$
$$= \exp\left[-\frac{n}{2}(\bar{x}-\mu_0)^2\right]$$

n と μ_0 は既知で，λ のグラフは図 5-5 のように与えられ，$\lambda \leq \lambda_0$ となる範囲，すなわち仮説の棄却域は図の左右両端の部分であることがわかる．特に，$\alpha = 0.05$ としたときには棄却域として $\bar{X}$ の分布の $\sqrt{n}|\bar{X}-\mu_0| > 1.96$ が得られる．

例 5.12 では単純仮説だけを取り上げてネイマン・ピアソンの定理による最良な検定との比較を試みたが，ネイマン・ピアソンの定理では最強力検定は対立仮説が $\mu_1 < \mu_0$ あるいは $\mu_1 < \mu_0$ の片側

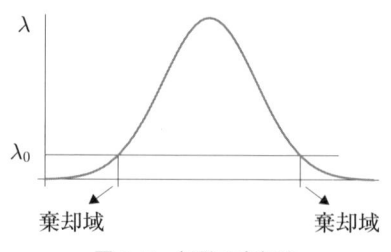

図 5-5 仮説の棄却域

検定対してのみ存在した．この点，次に示すように尤度比検定は最良とはならないが，μ の値には制約がないことがわかる．

例 5.13 正規分布（複合仮説）

複合仮説の例である．正規分布 $N(\mu, \sigma^2)$ において

帰無仮説 $H_0 : \mu = \mu_0$，対立仮説 $H_1 : \mu \neq \mu_0$

そして，分散 σ^2 は未知とした場合の検定を考える．この例は上にあげた記法では $\theta = (\mu, \sigma^2)$ で

$$\Omega = \{(\mu, \sigma^2)\}, \quad \omega_0 = \{(\mu, \sigma^2) \mid \mu = \mu_0\},$$
$$\omega_1 = \{(\mu, \sigma^2) \mid \mu \neq \mu_0\}$$

である．

$N(\mu, \sigma^2)$ の密度関数を用いて，標本の実現値に対する尤度関数の値は

$$L(\theta) = L(\mu) = (2\pi\sigma^2)^{-n/2} e^{-\sum_{i=1}^{n}(x_i - \mu)^2/(2\sigma^2)}.$$

$L(\mu)$ の最大値は 4.5 節の最尤法により，最尤推定量が $\hat{\mu} = \bar{x}$，$\hat{\sigma^2} = s^2 = (1/n)\sum_{i=1}^{n}(x_i - \bar{x})^2$ となる．そこで，

$$L(\hat{\mu}) = (2\pi s^2)^{-n/2} \exp\left[-\sum_{i=1}^{n}(x_i - \bar{x})^2\right].$$

帰無仮説 H_0 のもとで分散の最尤推定量は上と同じなので

$$L(\mu_0) = (2\pi s^2)^{-n/2} \exp\left[-\sum_{i=1}^{n}(x_i - \mu_0)^2\right].$$

したがって，(5.13) 式の λ は次のようになる．

$$\lambda = \exp\left[-\frac{1}{2s^2}\left\{\sum_{i=1}^{n}(x_i - \mu_0)^2 - \sum_{i=1}^{n}(x_i - \bar{x})^2\right\}\right]$$
$$= \exp\left[-\frac{n}{2s^2}(\bar{x} - \mu_0)^2\right]$$

これから

$$\exp\left[-\frac{n(\bar{x} - \mu_0)^2}{2s^2}\right] < \lambda_0$$

のときに仮説の棄却域が得られる．統計量におきかえると

$$\left|\frac{\bar{X} - \mu_0}{S/\sqrt{n}}\right| > c$$

のときに仮説を棄却する検定が得られる．c は有意水準にしたがって決められる．

検出力

検定の良さを決める考え方に，検定の際の第 2 種の過誤を評価する方法がある．この場合もこれまで扱った正規分布の母平均の検定で考えてみる．

いま，帰無仮説 $H_0 : \mu = \mu_0$ に対し，ある特定の対立仮説の値 $\mu = \mu_1$ に対する第 2 種の過誤の大きさを β とする．このとき，選択された検定法がほかの競合する検定法に対しどの程度良いかを決めるために，ただ 1 つの対立仮説の値だけでなく，μ_1 のとりうる

様々な値に対し第2種の過誤を評価する．このために第2種の過誤の確率を μ_1 の関数として考え，これを $\beta(\mu_1)$ と表す．図5-6に見るように，第1種の過誤の確率の大きさ α によって定められた棄却限界値 x_0 に対し，μ_1 を左右に動かしてみるとそれに応じて第2種の過誤の確率の大きさ β は変化している．

$\beta(\mu_1)$ は μ_1 が母数の真の値としたときに標本にもとづく実現値が棄却域でない領域に落ちる確率となっている．そこで，棄却域の側での確率として $1-\beta(\mu_1)$ を用い，これを検出力関数 (power function) とよぶ．$1-\beta(\mu_1)$ は μ_1 が真の値のときにそれが棄却される（採択される）確率である．

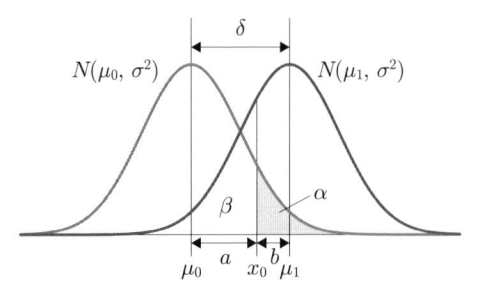

図 5-6 第1種と第2種の過誤

例 5.14 検出力の計算

5.3節（1）の正規分布の母平均の検定（1標本，分散既知）の場合の検出力を求める．仮説

$$H_0 : \mu = \mu_0; \quad H_1 : \mu = \mu_1(>\mu_0),$$

に対し，検定統計量 (5.3) 式を用いる．Z は帰無仮説 H_0 のもとで標準正規分布 $N(0,1)$ にしたがうが，標準正規分布の分布関数を $\Phi(x)$ と書くことにする．

有意水準（第1種の過誤）を α，棄却限界値を x_0 とおくと

$$\begin{aligned}\alpha &= \Pr(\bar{X} \geq x_0) = \Pr\left(Z \geq \frac{x_0 - \mu_0}{\sigma/\sqrt{n}}\right) \\ &= 1 - \Phi\left(\frac{x_0 - \mu_0}{\sigma/\sqrt{n}}\right).\end{aligned} \quad (5.14)$$

したがって $z(2\alpha)$ を標準正規分布の上側 $100\alpha\%$ 点とすると，

$$\frac{x_0 - \mu_0}{\sigma/\sqrt{n}} = z(2\alpha).$$

次に，第2種の過誤を β とおくと，H_1 のもとで $\bar{X} \sim N(\mu_1, \sigma^2/n)$ なので検出力は次のように表わせる．

$$\begin{aligned}1 - \beta &= \Pr(\bar{X} \geq x_0|H_1) = \Pr\left(Z \geq \frac{x_0 - \mu_1}{\sigma/\sqrt{n}}\right) \\ &= 1 - \Phi\left(\frac{x_0 - \mu_1}{\sigma/\sqrt{n}}\right).\end{aligned} \quad (5.15)$$

ここで $\mu_1 - \mu_0 = \delta$ とおくと上の x_0 を使って

$$\frac{x_0 - \mu_1}{\sigma/\sqrt{n}} = \frac{x_0 - \mu_0 + \mu_0 - \mu_1}{\sigma/\sqrt{n}} = z(2\alpha) - \frac{\delta}{\sigma/\sqrt{n}}.$$

したがって

$$\begin{aligned}1 - \beta &= \Pr(\bar{X} \geq x_0|H_1) = 1 - \Phi\left(z(2\alpha) - \frac{\delta}{\sigma/\sqrt{n}}\right) \\ &= \Phi\left(-z(2\alpha) + \frac{\delta}{\sigma/\sqrt{n}}\right).\end{aligned} \quad (5.16)$$

検出力関数 $1 - \beta$ は δ の関数で，$\delta = 0$ のとき値 2α をとり，δ の値とともに増加する．検出力関数のグラフを描いたのが図5-7(a)で，これは片側検定の場合のグラフである．対立仮説の値 μ_1 が大ききくなるにつれ検出力が上がることがわかる．

なお，両側検定の場合の第2種の過誤の確率は

$$\beta = \Pr(|\bar{X} - \mu_0| \leq x_0|H_1)$$

で，これは次の形で表される．

$$\beta = \Pr\left(\frac{-x_0-\delta}{\sigma/\sqrt{n}} \leq Z \leq \frac{x_0-\delta}{\sigma/\sqrt{n}}\right)$$

両側検定の場合の検出力関数が図 5-7(b) である．

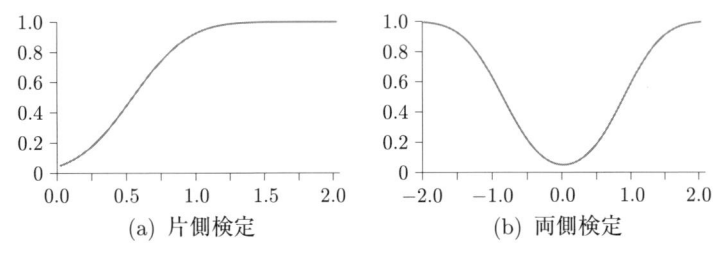

(a) 片側検定 (b) 両側検定

図 **5**-**7**　検出力関数

🌱 サンプルサイズ

実験や調査に必要とされるサンプルサイズの問題を推定誤差に関して 4.4 節で考察したが，検定の立場からは第 1 種と第 2 種の過誤の確率 α と β をもとにした次の考え方がある．

図 5-6 で，$x_0 = \mu_0 + z(2\alpha)(\sigma/\sqrt{n})$ で $a = z(2\alpha)(\sigma/\sqrt{n})$, $b = z(2\beta)(\sigma/\sqrt{n})$ である．よって，$\delta = z(2\alpha)(\sigma/\sqrt{n}) + z(2\beta)(\sigma/\sqrt{n})$ で，これから，α, β を与えたときにサンプルサイズに関する式

$$n = \left(\frac{\sigma}{\delta}\right)^2 (z(2\alpha) + z(2\beta))^2 \tag{5.17}$$

が得られる．なお，ここに与えたのは片側検定を考えた場合の式である．

問 5.1

5.1 節冒頭の例で，$N(134.0, 6.0^2)$ からの大きさ 9 のサンプルにもとづく検定で，$H_0: \mu = 134.0$，$H_1: \mu = 139.0$ としたとき，有意水

準 5% のときの第 2 種の過誤の確率を計算せよ．

問 5.2

問 5.1 で対立仮説の値を変化させたときの第 2 種の過誤の確率の変化を観察せよ．さらにこの問題を，サンプルサイズを n，帰無仮説と対立仮説を $H_0 : \mu = \mu_0$, $H_1 : \mu = \mu_1$ とした場合の検出力として考え，対立仮説の値とともに検出力がどう変化するかを考察せよ．

問 5.3

$N(0,1)$ からのサンプルにもとづいて帰無仮説 $H_0 : \mu = 0$，対立仮説 $H_1 : \mu = 1$ の検定を行いたい．第一種の過誤を 0.01，第 2 種の過誤を 0.05 でおさえたい．サンプルの大きさをどの程度とすればよいか．

第6章

分割表と適合度の検定

　　データの持つ属性やデータの値の大きさによる範囲指定によってグループ化された区分をカテゴリとよび，そのような形で構成された区分へのデータの集まりをカテゴリカルデータとよぶ．

　　カテゴリカルデータを通して，2つの属性間の関連性（独立性）や理論モデルへの整合性を調べる方法として分割表による検定や適合度検定がある．本章ではそのための考え方と方法を説明する．

6.1 分割表の検定

分割表とは 2 つ以上の属性によってデータをいくつかのカテゴリに分類した表で,2 元分類の一般形は第 1 章にある表 1-1 の形をしている.本節ではこのような形式で得られるデータのモデルと解析の方法について考えてみたい.

🌿 2 × 2 分割表

2×2 分割表(two by two table)は,全体で n 個の対象を,処理と結果(あるいは,二種の属性):$A = (A_1, A_2)$ と $B = (B_1, B_2)$ によって分類し,表 6-1 のように表した度数表である.このような表は標本調査の結果をクロス分類した場合や,原因特性(薬剤や特定因子など)と結果特性(効果)の関連を調べる場合に用いられる.

表 6-1 2×2 分割表

	B_1	B_2	計
A_1	n_{11}	n_{12}	$n_{1.}$
A_2	n_{21}	n_{22}	$n_{2.}$
計	$n_{.1}$	$n_{.2}$	n

ここで,$n_{11}, n_{12}, n_{21}, n_{22}$ はこれらの値に対応する属性を持つものの度数で,これら 1 つ 1 つの枠をセルとよぶ.また,$(n_{.1}, n_{.2})$,$(n_{1.}, n_{2.})$ は上の分割表において,各セルの度数を縦と横に合計した値で,周辺度数とよばれる.

このような表を得るモデルとして代表的なものに次の 3 つがある.これらは表の作られ方(サンプリングの方法)によって異なる形式を持っている.

・タイプ I

2つの処理 A_1, A_2 をそれぞれ $n_{1.}, n_{2.}$ 個ずつ計 n 個，B_1 と B_2 の受け皿を $n_{.1}, n_{.2}$ 個用意し，ランダムな反応の出現結果を調べる（モデルは超幾何分布）．

このタイプは一般には稀で，特殊な官能試験などに見られる．ここでは，フィッシャーによる例をコラムで紹介した（章末参照）．

・タイプ II

2つの処理 A_1, A_2 をそれぞれ $n_{1.}, n_{2.}$ 個ずつ計 n 個用意し，性質 B_1 を持つ個体の割合が A_1 と A_2 の2つの母集団で同じかどうかを調べる（モデルは2つの二項分布）．

原因となる属性 $A = (A_1, A_2)$ と結果 $B = (B_1, B_2)$ との関係をみるには通常 A_1 と A_2 をそれぞれ $n_{1.}$, $n_{2.}$ 例について調査するか，あるいは実験し，その結果により比較を行う．たとえば，薬の有効性を調べる治験で A_1, A_2 が試験薬と対照薬（試験薬の効果を比較するための市販薬など），B_1, B_2 が有効と無効という分類によってできる表である．この場合，試験薬と対照薬で有効率の違いを比べることになる．

ところで，タバコと肺がんの関係をみるには A_1, A_2 が喫煙者と非喫煙者で，B_1, B_2 が肺がんの発生の有無となるが，もともと肺がんの発生率はそれほど大きな数ではないので，$n_{1.}, n_{2.}$ の値が何十万を超えるようなかなり大きな数でないと差を検出することができず，実験で通常用いられる前向き研究とよばれるこの形の表を得るのは大変である．

これに対し，因果の逆順に考えるのが後ろ向き研究で，たとえば B_1 を肺がん患者とし，B_2 をそれに対応する（性別や年齢などの属性を B_1 と合わせた）対照とする．これらの人々に対し，回顧的に過去の喫煙状況を調べる（A_1 を喫煙，A_2 を非喫煙とする）．こ

れは事例対象研究とよばれるが，結果（B_1，B_2）からその原因となる属性（A_1，A_2）との関係を調べることになる．ほかにも，結果特性として，大学生の留年経験なども考えられるだろう．原因特性として日常のアルバイト，現役か浪人か，自宅通学か否かなど留年に関係すると思われる様々な要因を考え，結果特性への関係を探る．

例6.1　タイプ II の 2×2 分割表

・前向き研究

原因特性 $(A_1, A_2) =$（試験薬，対照薬）を周辺度数のそれぞれ $n_{1.} = 81$ 例，$n_{2.} = 75$ 例を標本抽出し，それぞれについて結果特性 $(B_1, B_2) =$（有効，無効）の例数を調べることによって得られる分割表．

	有効	無効	計
試験薬	53	28	81
対照薬	42	33	75
			156

・後ろ向き研究

ある化学物質に被曝したか否かの影響を調べるために，結果特性 $(B_1, B_2) =$（発症，非発症）のそれぞれ $n_{.1} = 100$ 例，$n_{.2} = 100$ 例を指定して標本抽出し，それらの原因特性（被曝の有無）を調べることによって得られる分割表．事柄によっては，被曝をさせて実験的に影響を調べることはできないため，このような形の研究が考えられる．

	事例(発症)	対照(非発症)
化学物質に被曝	90	50
非被曝	10	50
	100	100

次の例も，原因特性を探るという意味では回顧的調査（後ろ向き研究）といえる．

パソコンの顧客満足度調査で (B_1, B_2) を（満足，不満）とし，満足度に影響を持つと考えられる様々な要素（仕様）（たとえば，メモリの大きさ，ディスプレイ，HD，色など）を (A_1, A_2) として取り上げ，満足度に影響を持つ因子を探る．

メモリの大きさが		満足	不満
メモリの大きさが	十分	386	57
	不足	125	98
		511	155

・タイプ III

全体で大きさ n の実験や調査結果を，2つの属性 $A = (A_1, A_2)$ と $B = (B_1, B_2)$ に分類する．表の結果から処理（原因）にかかわる属性 A_1, A_2 と反応（結果）にかかわる属性 B_1, B_2 の間の独立性を検定する（モデルは多項分布）．

タイプ II の表では周辺度数 $n_{1\cdot}, n_{2\cdot}$ を指定して調査し，結果を得た．ところが，標本調査やアンケート調査の場合には全体の数 n が指定されているのが普通である．全体で n 例について調査し，これを後から2つの属性にしたがって A_1, A_2 がそれぞれ $n_{1\cdot}, n_{2\cdot}$ 例，B_1, B_2 がそれぞれ $n_{\cdot 1}, n_{\cdot 2}$ 例として分類するのがタイプ III の表である．

例 6.2　タイプ III の 2×2 分割表

次の例は「これからの人生に不安を感じるか否か」を聞いた標本調査の結果で，若年（〜39才）と高年（40才〜）に分類し作成した度数表である．

表 6-2　標本調査の結果（*Journalism*, 2011 年 1 月号）

	これからの人生に不安を		計
	感じる	感じない	
若年	469	66	535
高年	1331	278	1609
	1880	344	2144

確率モデル

実用上はタイプ II とタイプ III が重要で，この章ではこれらのタイプを主に扱う．タイプ II とタイプ III のそれぞれの確率モデルは下の表のようにあげられる．

タイプ II

	B_1	B_2	
A_1	p_{11}^*	p_{12}^*	1
A_2	p_{21}^*	p_{22}^*	1

$p_{11}^* = p_{11}/p_{1\cdot}, \quad p_{21}^* = p_{21}/p_{2\cdot}.$

タイプ III

	B_1	B_2	
A_1	p_{11}	p_{12}	$p_{1\cdot}$
A_2	p_{21}	p_{22}	$p_{2\cdot}$
	$p_{\cdot 1}$	$p_{\cdot 2}$	1

ここで，2つの属性との関係は次のように表される．他の添え字についても同様である．

$$\Pr(A_1 \cap B_1) = p_{11},$$
$$\Pr(B_1|A_1) = \frac{\Pr(A_1 \cap B_1)}{\Pr(A_1)} = \frac{p_{11}}{p_{1\cdot}} \, (= p_{11}^*)$$

つまり，原因特性 A_1, A_2，結果特性 B_1, B_2（すなわち属性 A, B）の関連性は次のように考えられる．

タイプ II（2 つの二項分布モデル）については次のようになる．

因果関係あり　　$p_{11}^* > p_{21}^*$　または　$p_{11}^* < p_{21}^*$

因果関係なし　　$p_{11}^* = p_{21}^*$

タイプ III（多項分布モデル）については例 6.2 で考えてみる．

A_1：若年　　　　A_2：高年

B_1：不安を感じる　　B_2：不安を感じない

とすると，このタイプ III の例ではもし $\Pr(B_1|A_1) > \Pr(B_1|A_2)$ であれば，高年よりも若年の層に今後の人生への不安を感じている人が多いということになる．一般に属性の間では

関係あり：$\Pr(B_1|A_1) < \Pr(B_1|A_2)$ あるいは
$$\Pr(B_1|A_1) > \Pr(B_1|A_2)$$

関係なし：$\Pr(B_1|A_1) = \Pr(B_1|A_2)$

であって，「関係なし」という場合は

$$\Pr(A_i \cap B_j) = \Pr(A_i)\Pr(B_j) \quad (\text{または } p_{ij} = p_{i\cdot}p_{\cdot j})$$

と同値になる（独立性の仮説）．[1]

さて，ここで帰無仮説を

2 つの二項分布モデル：

---

[1] 2 つの仮説 (6.1) と (6.2) は同じである．(6.1) 式から $p_{11}(p_{21} + p_{22}) = p_{21}(p_{11} + p_{12})$ で $p_{11}p_{22} = p_{12}p_{21}$．これを用いると $p_{1\cdot}p_{\cdot 1} = (p_{11} + p_{12})(p_{11} + p_{21}) = p_{11}^2 + p_{11}p_{21} + p_{11}p_{12} + p_{12}p_{21} = p_{11}$ で，他の場合についても (6.2) 式を得る．逆に (6.2) 式が成り立てば $p_{11}p_{22} = p_{12}p_{21}$ で (6.1) 式が得られる．

$$p_{11}^* = p_{21}^* \quad (\Rightarrow p_{11}/p_{1\cdot} = p_{21}/p_{2\cdot}), \tag{6.1}$$

多項分布モデル:

$$p_{ij} = p_{i\cdot}p_{\cdot j}, \quad (i,j = 1,2) \tag{6.2}$$

とすると,各セルの期待度数が次のように得られる.

$$\hat{n}_{ij} = \frac{n_{i\cdot}n_{\cdot j}}{n}, \quad (i,j = 1,2). \tag{6.3}$$

このとき,観測度数と期待度数の差をもとに作られた統計量

$$\begin{aligned}\chi^2 &= \frac{(n_{11}-\hat{n}_{11})^2}{\hat{n}_{11}} + \frac{(n_{12}-\hat{n}_{12})^2}{\hat{n}_{12}} \\ &+ \frac{(n_{21}-\hat{n}_{21})^2}{\hat{n}_{21}} + \frac{(n_{22}-\hat{n}_{22})^2}{\hat{n}_{22}}.\end{aligned} \tag{6.4}$$

は,χ^2(カイ二乗)統計量とよばれている.

カイ二乗は,自由度 1 のカイ二乗分布(χ^2-分布)にしたがうことが知られている.このため,分割表の検定では有意水準 α にあわせて計算されたカイ二乗の値が

$$\chi^2 \geq \chi_1^2(\alpha)$$

のとき帰無仮説を棄却する.$\chi_1^2(\alpha)$ は自由度 1 のカイ二乗分布の右側 $100\alpha\%$ 点である.

期待度数 (6.3) を (6.4) 式に用いると,次のように書くことができ,計算上はこちらの式を用いることが多い.[2]

$$\chi^2 = \frac{n(n_{11}n_{22}-n_{12}n_{21})^2}{n_{1\cdot}n_{2\cdot}n_{\cdot 1}n_{\cdot 2}}. \tag{6.5}$$

---

[2] 5.2 節で扱った比率の差の検定で用いた検定統計量を 2 乗した式は (6.5) 式と一致する.本節にあげた確率モデルの説明と関連して考えてみるとよい.(問 6.1 参照)

> **例 6.3** 表 6-2 の例

帰無仮説は「2 つの属性（これからの人生に不安を感じるか否かと年齢区分）の間に関連はない」．これについて有意水準 5% で検定する．(6.5) 式によって χ^2-統計量を計算すると $\chi^2 = 7.278$．自由度 1 の χ^2-分布の上側 5% 点は 3.841．したがって，仮説は棄却される（属性間に関連があると見られる）．

🌱 $r \times c$ 分割表

大きさ n のデータが，2 つの属性 $A = (A_1, A_2, \ldots, A_r)$ と $B = (B_1, B_2, \ldots, B_c)$ によって次表のように r 分岐 × c 分岐に分類された 2 元分類表を考える．

表 6-3 $r \times c$ 分割表

	B_1	B_2	$\cdots$	B_c	計
A_1	n_{11}	n_{12}	$\cdots$	n_{1c}	$n_{1\cdot}$
A_2	n_{21}	n_{22}	$\cdots$	n_{2c}	$n_{2\cdot}$
$\vdots$	$\vdots$	$\vdots$	$\vdots$	$\vdots$	$\vdots$
A_r	n_{r1}	n_{r2}	$\cdots$	n_{rc}	$n_{r\cdot}$
計	$n_{\cdot 1}$	$n_{\cdot 2}$	$\cdots$	$n_{\cdot c}$	n

2 元表を構成する属性の測定尺度は様々であるが，$r \times c$ 表には次の 2 つの確率モデルが一般的である．
(1) 周辺度数 $n_{1\cdot}, \ldots, n_{r\cdot}$ が与えられたモデル
(2) 全体の度数 n が与えられたモデル

(1) に対応するのは r 個の多項分布モデル，(2) に対応するのは 1 つの多項分布モデルで，確率モデルはそれぞれ次のように表される．

(1) r 個の多項分布

	B_1	B_2	$\cdots$	B_c	計
A_1	p_{11}^*	p_{12}^*	$\cdots$	p_{1c}^*	1
A_2	p_{21}^*	p_{22}^*	$\cdots$	p_{2c}^*	1
$\vdots$	$\vdots$	$\vdots$	$\vdots$	$\vdots$	$\vdots$
A_r	p_{r1}^*	p_{r2}^*	$\cdots$	p_{rc}^*	1

(2) 1 つの多項分布

	B_1	B_2	$\cdots$	B_c	計
A_1	p_{11}	p_{12}	$\cdots$	p_{1c}	$p_{1\cdot}$
A_2	p_{21}	p_{22}	$\cdots$	p_{2c}	$p_{2\cdot}$
$\vdots$	$\vdots$	$\vdots$	$\vdots$	$\vdots$	$\vdots$
A_r	p_{r1}	p_{r2}	$\cdots$	p_{rc}	$p_{r\cdot}$
計	$p_{\cdot 1}$	$p_{\cdot 2}$	$\cdots$	$p_{\cdot c}$	1

ここで，$\sum_i^r \sum_j^c p_{ij} = 1$, $\sum_{j=1}^c p_{ij}^* = 1$, $(i = 1, 2, \ldots r)$.
$p_{ij}^* = p_{ij}/p_{i\cdot}$, $(i = 1, 2, \ldots, r; \ j = 1, 2, \ldots, c)$.

このとき，次の帰無仮説を設定する．

r 個の多項分布モデルでは r 個の分布の均一性（同等性）：

$$p_{ij}^* = p_{lj}^*, \ j = 1, 2, \ldots, c; \ i, l = 1, 2, \ldots, r, \ i \neq l.$$

1 つの多項分布モデルでは 2 つの属性間の独立性：

$$p_{ij} = p_{i\cdot} p_{\cdot j}, \ i = 1, 2, \ldots, r; \ j = 1, 2, \ldots, c.$$

この形の表を分析する際，カテゴリに順序関係がある場合などには扱いには注意が必要とされる．ここではカテゴリに順序が無い場合の通常のカイ二乗統計量をあげておく．

カイ二乗統計量：

$$\chi^2 = \sum_{i=1}^r \sum_{j=1}^c \frac{(n_{ij} - \hat{n}_{ij})^2}{\hat{n}_{ij}}, \ \hat{n}_{ij} = \frac{n_{i\cdot} n_{\cdot j}}{n}. \tag{6.6}$$

この式は次式によって計算してもよい．

$$\chi^2 = n \left\{ \sum_{i=1}^r \sum_{j=1}^c \frac{n_{ij}^2}{n_{i\cdot} n_{\cdot j}} - 1 \right\}. \tag{6.7}$$

このカイ二乗統計量 χ^2 は自由度 $(r-1)(c-1)$ のカイ二乗分布に

したがう．そこで，有意水準にあわせ，カイ二乗分布の右側パーセント点を求め，仮説を棄却するか否かを判定する．

例 6.4 第 1 章，例 1.3

「死を怖いと思う」という割合の年齢分布が男女によって異なっているかどうかを検定する．帰無仮説は「差がない（分布は同等である）」で，有意水準 5% で検定する．

(6.7) 式によってカイ二乗統計量を計算すると $\chi^2 = 2.573$．自由度 6 のカイ二乗分布の上側 5% 点は 11.070．したがって，仮説は棄却されない（分布は同じと見てよい）．

6.2 適合度の検定

データがその属性によっていくつかのカテゴリに分類されて測定される場合がある．大きさ n のデータをそれらの持つ属性によって $B_1, B_2, \ldots, B_k$ の k 個のカテゴリに分類したとき，それぞれ属性を持つものの度数を変数 $N_1, N_2, \ldots, N_k$ ($\sum_{i=1}^{k} N_i = n$) とすると，表 6-4 が得られる．

表 6-4 適合度検定

データの属性	B_1	B_2	$\cdots$	B_k	計
観測度数	N_1	N_2	$\cdots$	N_k	n

属性 $B_1, B_2, \ldots, B_k$ は，男性，女性への分類でもよいし，国の名前でもよい．あるいは，成績評価の A, B, C, D であっても，サイコロを投げたときの目の数であってもよい．属性が測定される尺度は問わないので，当然身長を 5 cm 刻みに分類してできる度

数分布表の形でもよい．ただし，後述のようにカテゴリを合併する必要が生ずる場合などには，測定尺度が関係する場合もある．

データが度数によってこのようにカテゴリカルに分類されているとき，それらのデータが背後にある分布法則にうまく適合しているかどうかを調べたいことはよくある．たとえば，パソコンで $0 \sim 9$ の整数乱数を 1,000 個発生させ，0 から 9 までの数字が一様に出現しているとみなせるかどうかを調べる場合などである．

あるいは有名なメンデルの実験では，交配によってそれぞれの形質をもつエンドウが $9:3:3:1$，すなわち確率 $9/16, 3/16, 3/16, 1/16$ で得られるとしている．このような場合，知りたいことは観測結果と期待確率から得られる期待度数との間の整合性である．

さて，表 6-5 は適合度検定（goodness of fit test）にかかわる表である．この表については，2.3 節の多項分布が関係し，それぞれのカテゴリの期待度数は多項分布の各セルの平均に対応している．

表 6-5　適合度検定

	B_1	B_2	$\cdots$	B_k	計
観測度数	N_1	N_2	$\cdots$	N_k	n
期待度数	M_1	M_2	$\cdots$	M_k	n
期待確率	p_1	p_2	$\cdots$	p_k	1

ここで，$M_i = np_i, (i = 1, 2, \ldots, k)$ である．

ところで，多項分布の正規近似のなかで，観測度数と期待度数の適合性について次の結果が得られる．

カイ二乗統計量：

$$\chi^2 = \sum_{i=1}^{k} \frac{(N_i - M_i)^2}{M_i} \tag{6.8}$$

は自由度 $k-1$ のカイ二乗分布にしたがう．

この統計量は観測度数が全体として期待度数に近い値を持っていればその値が小さくなる．そこで，設定した有意水準が 5% で，実際に計算した値が自由度 $k-1$ のカイ二乗分布の 5% 点 $\chi^2_{k-1}(0.05)$ の値よりも大きいとき，すなわち

$$\chi^2 \geq \chi^2_{k-1}(0.05)$$

のときに，「観測度数が期待度数どおりに出現している」という仮説を棄却する．

例 6.5 コインを 5 回投げる例（第 2 章，例 2.1）

表 2-1 にはコインを 5 回投げ，1,000 回にわたって表の出た回数を観察した結果と，それに対応する期待度数をあげている．実験にもとづく観測度数は期待度数に適合していると見なせるだろうか．

(6.8) 式によってカイ二乗統計量を計算すると $\chi^2 = 1.370$．有意水準を 5% とすると，自由度 5 のカイ二乗分布の上側 5% 点は $\chi^2_5(0.05) = 11.070$．したがって，仮説は棄却されない（モデルに沿って出現していると見なしてよい）．

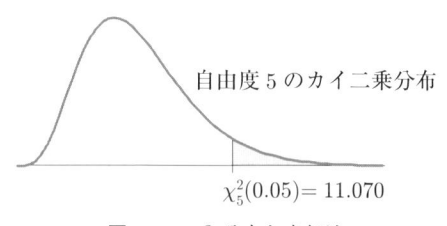

図 6-1 χ^2-分布と棄却域

なお，この統計量は多項分布の正規近似の中で得られており，経験と理論的考察から各クラスの期待度数の大きさは $M_i \geq 5$ であることが望ましいとされている．そのため，期待度数の値が 5 より

小さい場合には，隣り合うクラスを合併し，それらのクラスの度数を合算してカイ二乗の値を計算することが要請される．合併する場合にはクラス間の順序関係などに注意する必要がある．

例 6.6 4 肢選択 16 問にでたらめに解答する例（第 2 章，例 2.7）

表 2-8 で期待度数が 5 よりも小さいクラスを合併し，あらためて次のような表を作成する．

表 6-6　正解数の分布と二項分布

正解数	0	1	2	3	4	5	6	7	8	計
観測度数	9	24	66	99	112	98	54	24	14	500
期待度数	5	27	67	104	112	90	55	26	14	500

(6.8) 式から $\chi^2 = 4.618$．有意水準を 5% とすると，自由度 8 の χ^2-分布の上側 5% 点は $\chi^2_8(0.05) = 15.507$．したがって，二項分布 $B(16, 1/4)$ にしたがうという仮説は棄却されない．

🍇 母数をデータから推定する場合

得られたデータが母集団分布にうまく適合しているかどうかを調べてみたい，といった場合を考えてみよう．ここでは，ある試験科目の結果を図 6-2 のように度数分布に分類したデータをもとにして（100 点満点，178 名分），これが正規分布にしたがっていると見てよいかどうかを調べてみることにする．

このデータに対応する母集団の平均と分散の値は不明である．そこで，この 178 名のデータから得られた値を母平均と母分散の推定値として用いることにし，その値を持つ正規分布にこれらのデータがしたがうと考えてみることにする．この度数分布のもとにな

図 6-2 正規分布のあてはめ

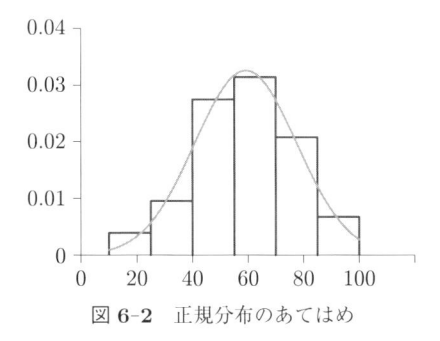

ったデータの平均値は 59.2,標準偏差 18.35 であったので,上のデータに正規分布 $N(59.2, 18.35^2)$ をあてはめることにする.正規分布確率は 2.4 節で述べたように,標準化を行って各区間に対応する値を計算することができる.こうして,期待確率および期待度数を求め製表すると,表 6-7 が得られる.

表 6-7 試験結果と正規分布

階級	観測度数	正規確率	期待度数
- 25.5	7	0.0331	5.9
25.5 - 40.5	17	0.1209	21.5
40.5 - 55.5	49	0.2660	47.4
55.5 - 70.5	56	0.3109	55.3
70.5 - 85.5	37	0.1931	34.4
85.5 -	12	0.0759	13.5
計	178		178.0

この表から,(6.8) 式にしたがって適合度検定に関するカイ二乗の値を計算すると,$\chi^2 = 1.5730$ となる.

ここで,表 6-5 の適合度検定にかかわる表が作成された場合と異なるのは,与えられているデータから分布の母数を推定し,さらにそれにもとづいて各カテゴリの期待度数 ($\hat{M}_i$, $i = 1, 2, \ldots, k$) を求めている点である.今回の適合度検定の一般形は次のように表わ

される．

表 6-8 適合度検定

	1	2	$\cdots$	k	計
観測度数	N_1	N_2	$\cdots$	N_k	n
期待度数	$\hat{M}_1$	$\hat{M}_2$	$\cdots$	$\hat{M}_k$	n

検定統計量は (6.8) 式と同じ形で次の通りである．

$$\chi^2 = \sum_{i=1}^{k} \frac{(N_i - \hat{M}_i)^2}{\hat{M}_i} \tag{6.9}$$

ただし，このようにデータにもとづいて母数を推定し，その値を使って期待度数を求める場合には，検定の際の自由度を推定した母数の数 (r) だけ減らし，

自由度 = カテゴリの数 (k) − 1 − 推定した母数の数 (r)

とする．すなわち，カイ二乗統計量は自由度 $k-r-1$ のカイ二乗分布にしたがう．

さて，上の試験結果のデータの正規分布へのあてはめの例では，期待値を求める際に平均と標準偏差の2つの母数ををデータから推定しているので，自由度は $6-1-2=3$ となる．カイ二乗分布表から $\chi_3^2(0.05) = 7.815$．したがって，このデータが正規分布から得られたという仮説を棄却することはできない（有意水準5%）．すなわち，正規分布にしたがうデータとみなしてもさしつかえないといえる．

問6.1

比率の差の検定 (5.2) 式と 2×2 分割表の検定 (6.5) 式との関係を調べよ．

問 6.2

(6.4) 式 $\chi^2 = \sum\sum (n_{ij} - \hat{n}_{ij})^2/\hat{n}_{ij}$ に期待度数 $\hat{n}_{ij} = n_{i.}n_{.j}/n$ を代入することによって，χ^2 が (6.5) 式の形で表されることを示せ．

問 6.3

表 6-1 の 2×2 分割表について，独立性の仮説 (6.2) のもとで，(6.3) 式が n_{ij} の最尤推定量であることを示せ．また，適合度検定の表 6-5 について，p_i の最尤推定量を求めよ．

◇◇◇ コラム ◇◇◇◇◇◇◇◇◇◇◇◇◇◇◇◇◇◇◇ 紅茶の飲み分け

フィッシャー (R.A.Fisher) は彼の著した『実験計画法』の中で次のような情景を描いている．

ある婦人が，ミルクティーを飲む際に，ミルクを先に注いだかティーを先に注いだかを飲み分けることができると主張している．どのようにしてこのことを確認できるだろうか？

フィッシャーはこのために，ミルクを先に注いだものとティーを先に注いだものを 4 カップずつ準備し，その婦人にも 4 カップずつ準備されていることを伝える．これら 8 カップを飲み分けた結果によって，婦人が飲み分けができるか否かを判定しようというのである．

この試みは次の表の形に表すことができる．M, T はそれぞれミルク，ティーを先に注いだものとその判定結果を示している．

ミルクティーの飲み分け

		設定		計
		M	T	
判定	M	x		4
	T			4
	計	4	4	8

　この表は，2×2分割表で，周辺度数がともに確定しているケース（6.1節のタイプⅠ）である．xと記されたセルの値が決まれば，他の3つのセルの値はすべて決まり，$x=4$のときすべてを当てたことになり，その確率は1/70となる．このモデルの確率は2.3節の超幾何分布で計算できるが，この考え方はフィッシャーの精密検定（exact test）の中に生かされている．

図6-3　フィッシャー（R.A. Fisher），1890-1962

第 7 章

ノンパラメトリックな検定

　母集団の分布モデルの形が仮定できない場合に考えられたのがノンパラメトリックな検定法で，データ間の大小関係，順位，経験分布関数などを用いた方法が提案されている．本章ではそういった検定法のいくつかを扱っているが，データへの対応の仕方や統計的方法への考え方が参考になる．検定手法によってはパラメトリックな方法と比べ遜色のない方法も存在する．

7.1 ノンパラメトリックな方法の考え方

統計的方法は，一般にデータのしたがう母集団の分布モデルに依存していて，これまでに扱った比率の検定や母平均の検定も，母集団に二項分布や正規分布を想定し，検定法を構築してきている．ところが，どのようにしてもデータの分布（モデル）が明確に見えてこないことがある．そのような場合，次にできることの1つはデータ変換を試みることである．

図7-1にあげたのは全国の市町村人口の度数分布のヒストグラムである．それに対し，各市町村の人口の対数をとってその度数分布のヒストグラムを描いたのが図7-2である．

データ変換によってかなり極端な分布の違いがみられることがわかるが，変換によってたとえば正規分布形が得られるのであれば，

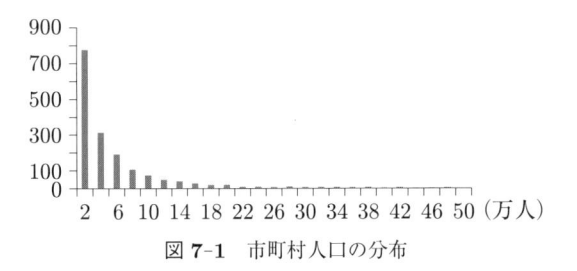

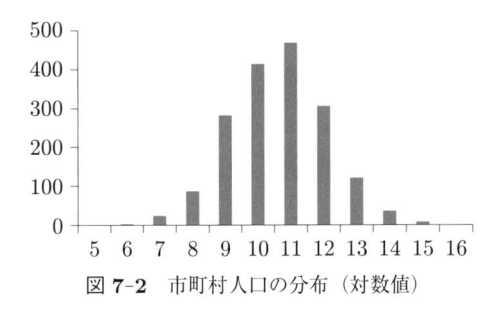

図 **7-1** 市町村人口の分布

図 **7-2** 市町村人口の分布（対数値）

それにもとづく検定法を採用することができる．2.4節にあげた対数正規分布はそのようなケースに対応している分布である．

　私たちがデータに対面したとき，まず分布モデルを確定し，モデルに含まれる母数についての統計的手法を必要とされる条件のもとで採用することは本質的なことで，統計的データ解析においては極めて重要な点である．

　第5章では，おもに二項分布 $B(n, p)$ と正規分布 $N(\mu, \sigma^2)$ を取り上げ，その母数（パラメータ）p や μ, σ についての推論と検定の方法を説明してきた．二項分布 $B(n, p)$ や正規分布 $N(\mu, \sigma^2)$ はそれらの母数 p や μ, σ によって分布の形が決まる．そのため，統計的推定や検定の問題ではこれらの母数に関する推論を扱ってきたが，これをパラメトリックな推論（方法）とよんでいる．

　一方，与えられたデータに対応するモデル（分布）がわからない，すなわち，分布の母数も特定できない場合にはどうしたらよいだろうか．このような場合に用いられる方法として分布に依存しない（distribution free）方法が考え出されてきた．これは分布のパラメータに直接に関係する方法ではないという意味でノンパラメトリックな方法（nonparametric method）とよばれている．これらの方法はデータの大小関係や順位を用いることから出発している．以下にいくつかの方法とその考え方を示していきたい．

7.2　符号検定

　図7-1にあげた市町村データは正規分布とはかけ離れた分布形をしており，全体の90%の市町村人口は16万人に満たないが，政令指定都市などの大きな人口を抱えた都市の影響で，右スソの

長い分布となっている．世帯ごとの年収の分布や株価の分布などにもみられるが，このような分布では，値の大きいデータの影響を受けて平均値が大きくなる傾向にあり，実際この市町村人口データでは平均 7.30 万人であるのに対し，中央値は 2.55 万人である．この場合，分布モデルが正規分布とはみなせないので，正規分布を想定して作られた検定法を使うことには無理があるし，上で述べたように平均値は分布の中心的な値であるという実態を必ずしも反映していないともいえる．

符号検定：1 標本

符号検定（sign test）は，データの値の大小関係に注目し，分布モデルに依存せずに分布の中央値についての検定を行う方法として考えられたものである．

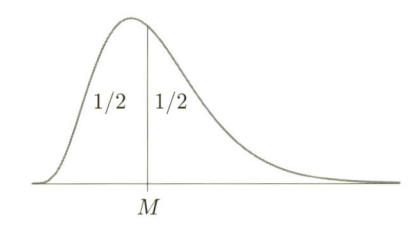

図 7-3 分布モデルと中央値

連続型の母集団分布に対して想定された中央値の値が M であるとすると（図 7-3），この母集団から得られる大きさ n の無作為標本 $X_1, X_2, \ldots, X_n$ のそれぞれについて，

$$\Pr(X_i \geq M) = \frac{1}{2}, \quad i = 1, 2, \ldots, n,$$

となる．したがって，n 個の観測値の中で M よりも大きいものの個数を R とすると，R は二項分布にしたがっていて

$$R \sim B(n, 1/2) \qquad (7.1)$$

である．検定の考え方は第5章にあげたものと同じで，検定の手続きは次のようになる．

1. 指定された値 M_0 を仮説値とし，分布の中央値 M に対し次のように仮説を立てる．

　　帰無仮説　　$H_0 : M = M_0$
　　対立仮説　　$H_1 : M > M_0$　または　$H_1 : M < M_0$　（片側検定）
　　　　　　あるいは　$H_1 : M \neq M_0$　（両側検定）

2. n の値が小さいときには，直接二項分布の確率の値を計算し検定を行う．たとえば，片側対立仮説 $H_1 : M > M_0$ の場合には，二項分布 $B(n, 1/2)$ の上側確率が

$$\sum_{i=r_0}^{n} \binom{n}{i} \left(\frac{1}{2}\right)^n \leq \alpha$$

となるような最小の r_0 をとり，$R \geq r_0$ となる R の値の範囲を棄却域とする．ここで α は有意水準の値である．

3. n が十分大きい場合には二項分布 $B(n, p)$ が正規分布 $N(np, np(1-p))$ で近似されることを利用し，次の統計量 Z によって検定する．

$$Z = \frac{R - n/2}{\sqrt{n/4}}. \qquad (7.2)$$

仮説の棄却域は，対立仮説と有意水準にあわせ（片側か，両側かで）正規分布表から決められる（表5-2参照）．

（注1）検定の形式は，比率の検定と同じであることに注意されたい．

（注2）実際のデータでは中央値との差が0となることがある．その場合にはランダムな手続きで差の大小を決める方法もあるが，

0となったケースを除いた残りのデータで検定を行うのが普通である．

符号検定：2標本

ある科目の前期と後期の試験の難易度を，受験した学生の試験結果から判定することを考えてみる．n人の学生の前後期の試験結果の組を(X_i, Y_i), $(i = 1, 2, \cdots, n)$とおき，このn組のデータから難易度の判断を下す．

あるいは別の例として，東京とニューヨークの物価を比べたいと考えてみる．この場合，厳密には物価の定義や為替相場のことなどいろいろと考えておかなければならない点は多いが，単純にタクシーの初乗り運賃とかハンバーグの値段といったランダムに選んだn種類の物価を上記のXとYに対応させるとn組の価格のセットを得ることができる．この場合，XとYの分布モデルは上の試験結果の例ほどには明瞭ではない．しかし，価格の差（どちらが高いかどうか）は簡単にわかる．

こういった問題は，2つの変数が正規分布にしたがっているならば，5.3節の「B. 2つの観測値間に対応がある場合」（p.106）によって前期と後期の母平均の差の検定を行うことができる．ところが，母集団の分布モデルが必ずしも正規分布とは見なせないときに用いられるのが2標本の符号検定である．

2標本符号検定では，n組のデータ間の差の符号を調べ，プラス（またはマイナス）の個数Rによって対応する2つの母集団の関係を考えることになる．

2標本の符号検定も，1標本の場合と同じ手順で進められる．帰無仮説H_0は

$$H_0 : \Pr(X > Y) = \Pr(X < Y) = \frac{1}{2},$$

あるいは「X と Y の差の中央値は 0」となる．

検定法は n 組の観測対の中で差の符号がプラス（あるいはマイナス）の組の数 R を数え，後は 1 標本の手続きと同じである．

|例 7.1| 物価の水準

ある月の東京都の小売物価を指定品目の中からランダムに選択し，前年同月の値と比較した．調べた 50 品目の中で価格が下がったもの 31，上がったもの 8，変わらないもの 11 であった．全体の傾向として下がったとみてよいだろうか．

帰無仮説は「物価水準は前年と変わらない」であり，対立仮説を「前年に比べ下がった」とする．

価格が変わらなかった物を除くと $n = 39$．このうち，上がったもの $R = 31$．(7.2) 式によると $z = (31 - 39/2)/\sqrt{39/4} = 3.683$.

この値は標準正規分布の上側 5% 点 1.645 をはるかに超えていて仮説は棄却される（すなわち，前年に比べ下がったと見てよい）．

7.3 符号つき順位和検定

符号検定は 1 標本では「データの値 − 仮説値」，2 標本では対を形成している組標本の「X の値 − Y の値」をプラス，マイナス（すなわち，0-1 データ）に変換し，その値にもとづいて検定している．そのため元のデータの持つ情報の多くを失っていることにな

り，パラメトリックな検定に比べて後で述べる効率という意味で損失が大きい．そこで，データの差の大きさの情報を順位に変えて利用しようというのが符号付き順位和検定（signed rank test）である．

符号付き順位和検定の場合も連続型分布から得られた大きさ n の無作為標本によって分布の中央値についての検定を行う．ただし，符号検定と異なっている点は取り扱う連続分布が中央値 M について対称な分布であることである．

帰無仮説 $M = M_0$ のもとで，差 $T_i = X_i - M_0, (i = 1, 2, \ldots, n)$ は 0 の周りに分布し，分布の対称性からプラスの符号のものと，マイナスの符号のものが異なる大きさを持ちながら等確率に分布していると考えられる．そこで次の手順で検定を組み立てる．

1. 帰無仮説と対立仮説を設定する．これは符号検定の場合と同様である．

2. データと仮説値である中央値の差の絶対値 $|X_i - M_0|$ の大きさにしたがって 1 から n までの順位をつける．この場合は連続分布なので理論上はタイ（同順位）の存在なしに順位が付けられるが，データの取り扱い上タイが生じた場合には順位の平均の値をそれぞれに与える．

3. 差 $X_i - M_0$ の符号がプラスであったものに対応する順位の総和 T^+ を求める（マイナスであったものに対応する順位の総和を T^- とすると $T^+ + T^- = n(n+1)/2$ である）．ここでは，検定のための統計量 T^+ をあらためて T と書くことにする．

4. T の値によって検定する．n が十分大きいとき，順位和 T は近似的に

$$\text{平均}: E(T) = \frac{n(n+1)}{4}, \quad \text{分散}: V(T) = \frac{n(n+1)(2n+1)}{24}$$

の正規分布にしたがう．したがって，標準化変量

$$Z = \frac{T - E(T)}{\sqrt{V(T)}} \tag{7.3}$$

が，標準正規分布 $N(0, 1)$ にしたがうことを利用して検定を行うことができる．

符号付き順位和検定は符号検定で扱った組標本 (X_i, Y_i) に対しても適用される．ただしこの場合，1標本と同じように，差 $X_i - Y_i$ は中央値 M を持つ対称な連続分布からの無作為標本であることを仮定している．その上で仮説 $H_0: M = M_0$ を n 個の差 $T_i = X_i - Y_i - M_0$ の絶対値の大きさの順位にしたがって検定する．これ以後の手続きは1標本の場合と同じである．

符号付き順位和検定は分布モデルに中央値の周りへの対称性を仮定している．そこで，この検定は帰無仮説 $H_0: M = M_0$ の周りへの分布の対称性を検討するための検定としても用いられる．

例 7.2

付録 A，別表のデータ D02 後期に対し，符号つき順位和検定（1標本）の適用例を示そう．

帰無仮説は D02 データの母集団の中央値として「$H_0: M = 70$」とおく．まず，表 7-1 のように各得点と仮説値との差を求める．次に，差の絶対値に大きさの順に順位をつける．ここでは値の小さい順に順位をつけているが，同順位には順位の平均を与える．この結果プラスの符号の順位の和 $T^+ = 93$（マイナスの順位和 $T^- = -97$）であった．

n が大きいとき T^+ は上述のように，平均 95，分散 617.5 の正規分布にしたがう．これから $z = (93 - 95)/\sqrt{617.5} = -0.0805$ となり，仮説は棄却されない．

表 7-1　符号つき順位和検定

番号	得点	差	順位と符号	番号	得点	差	順位と符号
1	62	-8	-7.5	11	74	4	2.5
2	58	-12	-11.5	12	76	6	5.5
3	82	12	11.5	13	54	-16	-16
4	61	-9	-9	14	85	15	15
5	58	-12	-11.5	15	71	1	1
6	57	-13	-14	16	49	-21	-18
7	88	18	17	17	70	0	—
8	93	23	19	18	82	12	11.5
9	74	4	2.5	19	65	-5	-4
10	64	-6	-5.5	20	78	8	7.5

　ところで，本章で扱っているノンパラメトリックな方法には，パラメトリックな方法と比べた場合の効率 (effciency) という概念がある．先に述べたように，符号検定では元のデータを仮説値との大小関係，すなわち 0-1 データに変換したことになり，このことによって生ずる情報のロスを効率という概念に置き換えていることになる．このための方法として，
・母集団モデルに既知の分布を想定し，その母数を与えたうえで 5.4 節にあげた検出力を比較する
・等しい検出力が得られる 2 つの手法に必要なサンプルサイズの大きさを比較する
といった考えのもとで効率を求めている．

　先にあげた符号検定は，データに正規分布を仮定し，母平均の差の検定を考えた場合と比較して効率は $2/\pi = 0.64$ となることが知られている．また，符号付き順位和検定の効率は $3/\pi = 0.95$ となっている．

7.4 順位和検定

分布形は問わないが，位置母数 θ によって表現された密度関数 $f(x,\theta)$ を考える．位置母数は正規分布の場合の平均 μ のように，分布の位置に関係する母数で，θ の値が分布の位置に関係していて，分布の左右へのズレを表現している．

いま，2つの母集団 Π_1, Π_2 がそれぞれ位置母数 θ_1 と θ_2 である密度関数 $f(x,\theta_1)$ と $f(x,\theta_2)$ をもち，それら2つの母集団から得られた，それぞれ大きさ m と n の互いに独立な無作為標本を考える．母集団分布に正規分布を仮定できる場合には，すでに第5章で説明した方法が使え，位置母数の差についての検定を行うことができる．

分布形に依存しない方法としての順位和検定（rank sum test）ではこれら2組の標本を合併し，それらに大きさの順につけられた1から $m+n$ までの順位を利用し，位置母数についての検定を行う．考え方は次の例が分かりやすいであろう．

位置母数によって表現された2つの分布が，図7-4，図7-5のように与えられているとする．左側の密度関数を母集団 Π_1 に，右側の密度関数を母集団 Π_2 にかかわる分布とし，大きさ m および n のデータが図のような形でそれぞれの分布から得られているとする（×が Π_1 から，○が Π_2 からのデータ）．これらのデータに小さいほうから順に $1,2,\cdots,m+n$ までの順位を与えると，図7-4では母集団 Π_1 のデータの方に小さい順位が与えられ，母集団 Π_2 のデータの方に高い順位が与えられる．したがって，それぞれの母集団の順位の和を計算すると，当然母集団 Π_2 の順位の和の方が大きくなる．一方，図7-5では，順位の和の違いは Π_1 と Π_2 ではそれほど大きな差とはならない．

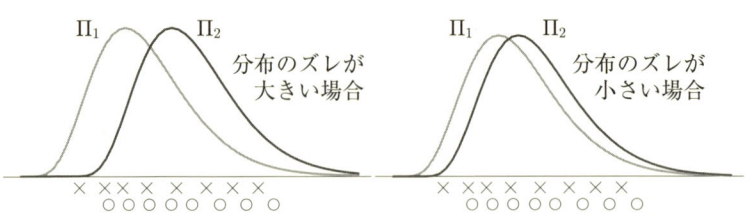

図 7-4 分布が離れている場合　　図 7-5 分布が接近している場合

　これが順位和検定の考え方で，もとのデータのもつ大きさの違いを順位に変換し，そのことを通して 2 つの分布のズレの検出を行おうとするのである．

　実際の検定の手順は次のようにあげられる．

1. 帰無仮説，対立仮説および有意水準を設定する．
   帰無仮説 $H_0 : \theta_1 = \theta_2$
   　　　　　　　あるいは位置母数は等しい，分布にズレはない
   対立仮説 $H_1 : \theta_1 > \theta_2$ あるいは $\theta_1 < \theta_2$ 　（片側検定）
   　　　　　　　あるいは $\theta_1 \neq \theta_2$ 　（両側検定）

2. 大きさ m および n の 2 つの標本を合併し，大きさの順に 1 から $m+n$ までの順位を与える．同順位（タイ）には，順位の平均を与える．

3. 母集団 Π_1 の順位の和を R_1 とする（母集団 Π_2 の順位の和を R_2 とすると，$R_1 + R_2 = (m+n)(m+n+1)/2$ である）．

4. $U_1 = mn + m(m+1)/2 - R_1$ とおく（なお $U_2 = mn + n(n+1)/2 - R_2$ とおくと，$U_1 + U_2 = mn$）．

5. U_1 は，n, m が十分大きいときには仮説 H_0 のもとで

$$\text{平均} : E(U_1) = \frac{mn}{2}, \quad \text{分散} : V(U_1) = \frac{mn(m+n+1)}{12}$$

の正規分布にしたがう．したがって，標準化変量 Z は標準正規分布 $N(0, 1)$ にしたがう．

$$Z = \frac{U_1 - E(U_1)}{\sqrt{V(U_1)}}. \tag{7.4}$$

なお,m, n の値が小さいときは,順位和検定のために作成された表を用いて検定する.

例7.3

付録 A,別表のデータ D01 前期と D02 前期データをもとに順位和検定の適用例を示す.

帰無仮説は「H_0:2 つの分布間にズレはない」である.D01

表 7-2　順位和検定

	D01 前期	順位	D02 前期	順位
1	71	29.5	43	4
2	62	17	38	2
3	53	8	61	15
4	50	5	64	19
5	68	25.5	67	22
6	54	9	71	29.5
7	61	15	79	35
8	67	22	94	36
9	52	6.5	66	20
10	42	3	76	32
11	68	25.5	63	18
12	52	6.5	61	15
13	77	33	58	12.5
14	69	28	68	25.5
15	78	34	58	12.5
16	35	1	55	10
17			56	11
18			67	22
19			68	25.5
20			74	31

($m=16$) と D02 ($n=20$) の 2 つのデータを一体とした全 36 個のデータに大きさの順に（この場合は値の小さい順に）順位をつける．同順位には順位の平均を与える．

表 7-2 に結果を与えているが，D01 の順位を R_1 とすると $R_1 = 268.5$ である（なお，$R_2 = 397.5$ で，$R_1 + R_2 = 666$）．これから $U_1 = 187.5$．仮説 H_0 のもとで，平均は 160，分散は 8533.3 と計算される．これから $z = (187.5 - 160)/\sqrt{8533.3} = 0.2977$ となる．有意水準 5%，両側検定とすると $z(0.05) = 1.96$ で，仮説 H_0 は棄却されない．

7.5　コルモゴロフ・スミルノフ検定

連続型の変数に対する分布モデルは 2.4 節にあげたように，密度関数と分布関数で表わされているが，図 7-6 で見るように 2 つの密度関数の左右へのズレは，分布関数では上下方向への差となって表れていることがわかる．

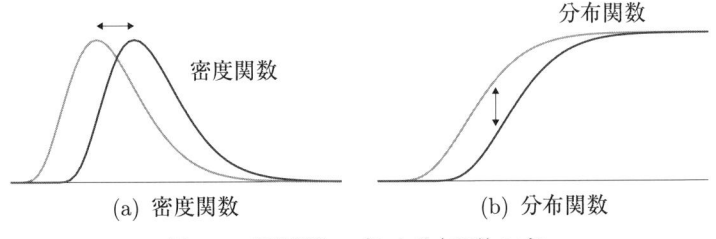

(a) 密度関数　　(b) 分布関数

図 7-6　密度関数のズレと分布関数のズレ

このような 2 つの分布間のズレ（あるいは位置を表わす母数の差）を分布関数を使って検定しようとする方法がコルモゴロフ・スミルノフ検定（Kolmogorov-Smirnov test）である（以下，K-S 検

定と記す).

データが既知の分布から得られたかどうかを調べるのが，1標本のK-S検定である．また，2標本K-S検定では2つの標本から得られたデータが同一の母集団分布にしたがっているとみなせるかどうかを判定する．

実際に得られたデータからこの関係をみるためにまず経験分布を定義しておく．

経験分布

ある母集団からの大きさ n の無作為標本 $X_1, X_2, \ldots, X_n$ に対し，

$$S(x) = \sum_{i=1}^{n} \#(X_i \leq x)/n. \tag{7.5}$$

ここで，$\#(X_i \leq x)$ はある x に対しカッコ内の条件を満たすときに 1，そうでないとき 0 である．

例7.4 経験分布

大きさ $n = 8$ のデータ

53, 62, 92, 18, 40, 42, 74, 85

を大きさの順に並べ，表7-3のような累積度数（相対）をつくる．これがデータの経験分布関数で，これを図示したのが図7-7である．$S(x)$ は図のような階段状の関数で，たとえば $S(41) = 0.250, S(42) = 0.375, S(50) = 0.375$ である．

表 7-3 経験分布

	データ	累積度数
1	18	0.125
2	40	0.250
3	42	0.375
4	53	0.500
5	62	0.625
6	74	0.750
7	85	0.875
8	92	1.000

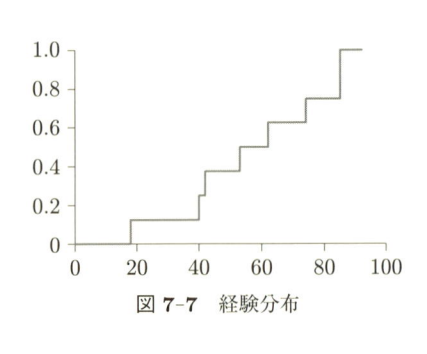

図 7-7 経験分布

K-S 検定：1 標本

1 標本の K-S 検定は，与えられたデータが想定した分布と適合しているかどうかを経験分布と分布関数を用いて検定する方法である．帰無仮説は「H_0：データは分布関数 $F_0(x)$ を持つ分布からとられている」である．そのために，データにもとづく経験分布関数と仮説として設定した分布の分布関数を図 7-8 のように対比させ，任意の点 x における 2 つの分布関数の間の差を計算し，それらの値の差の最大の値を求める．すなわち，次の統計量を考える．

$$D_n = \max_{x_i} |F_0(x_i) - S(x_i)| \tag{7.6}$$

x_i はすべてのデータに対応する値である．

図 7-8 は付録 A，別表の D02 データの前期成績データの経験分布とデータと同じ平均と標準偏差をもつ正規分布関数を対比させて描いたものである．

帰無仮説 H_0 の下での統計量 D_n の分布は理論的に知られている．n の値が大きいときには，この統計量にもとづき次のように判定する．

有意水準 5% のとき：

図 **7-8** 1 標本 K-S 検定

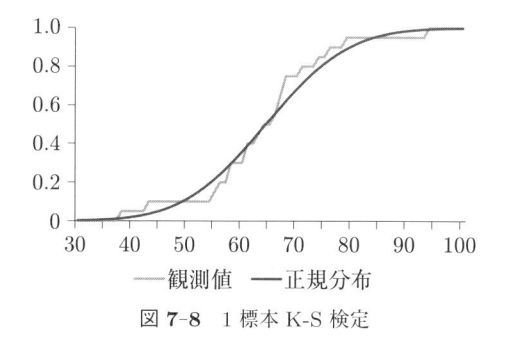

$D_n > 1.36/\sqrt{n}$ のときに仮説を棄却（両側検定）
有意水準 1% のとき：
$D_n > 1.63/\sqrt{n}$ のときに仮説を棄却（両側検定）
標本の大きさ n の値が小さい値のときには K-S 検定のための数表を用い検定する．

例7.5 付録 A，別表のデータ（D02）

別表の D02 データの経験分布関数と，データと同じ平均と標準偏差を持つデータの正規分布関数を図 7-8 にあげたが，データから (7.6) 式の最大の差は $D_n = 0.129$ と得られる．上にあげた棄却限界値は有意水準 5% で $1.36/\sqrt{n} = 0.304$．得られた結果は棄却域に入っていないので仮説は棄却されない．

🌱 K-S 検定：2 標本

2 標本の場合の K-S 検定は，2 つの標本 A，B から得られた経験分布をもとに，それらが同じ母集団から得られたものかどうかを検定する方法である．考え方は 1 標本の場合と同じで，2 つの経験分布関数間の任意の点での差をもとに違いを判定する．

大きさ m の標本から得られた標本 A の経験分布を $S_A(x)$,大きさ n の標本から得られた標本 B の経験分布を $S_B(x)$ とする.このとき,検定のための統計量は次のようになる.

片側検定:

$$D_{m,n} = \max[S_m(x) - S_n(x)] \tag{7.7}$$

両側検定:

$$D_{m,n} = \max|S_m(x) - S_n(x)| \tag{7.8}$$

帰無仮説は「H_0:2つの標本は同じ母集団から得られた」である.H_0 のもとで $D_{m,n}$ の標本分布が得られていて,仮説の棄却域は m, n の値が十分大きいとき次のようになる.

片側検定:

$$X^2 = 4D_{m,n}^2 \frac{mn}{m+n} \tag{7.9}$$

とおくと,X^2 は自由度2のカイ二乗分布にしたがう.

両側検定:

有意水準 5% のとき:

$$D_{m,n} > 1.36\sqrt{\frac{m+n}{mn}} \tag{7.10}$$

のときに仮説を棄却する.

有意水準 1% のとき:

$$D_{m,n} > 1.63\sqrt{\frac{m+n}{mn}} \tag{7.11}$$

のときに仮説を棄却する.

例7.6　2標本の K-S 検定（付録 A,別表のデータ（D01））

別表のデータ D01 前期と後期の経験分布は図 7-9 のように

図 7-9 D01 前期と後期の経験分布

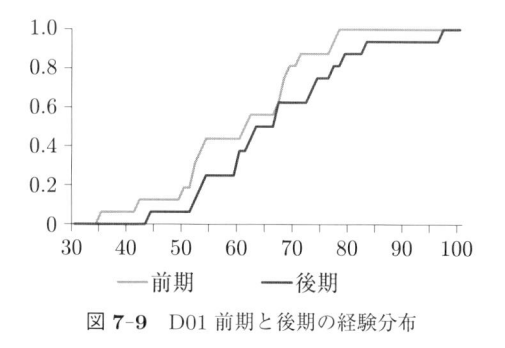

与えられる．このときの分布間の最大幅はデータから 0.250 となる．片側検定では (7.9) 式を使うが，$m = n = 16$ で $X^2 = 2.0$．自由度 2 の χ^2-分布の上側 5% 点は 7.378 で，仮説は棄却されず，2 つの分布に差がないと見てよい．

例7.7 雨の確率と傘

「雨の確率予報が何 % ならば傘を持って出かけるか」との問いに，男性 $m = 177$ 名，女性 $n = 54$ 名から回答を得た．また，2 つの経験分布関数は図 7-10 のように得られた．図の x 軸側は雨の確率予報（%）で，y 軸側は当該の雨の確率に対し傘を持つと答えた人の割合（累積相対度数）を示している．

帰無仮説 H_0：2 つの分布は等しい

対立仮説 H_1：女性のほうが右にシフトしている

として K-S 検定を行う．データから最大幅 $D_{m,n} = 0.235$ と得られた．これから (7.9) 式を計算すると $X^2 = 4 \times 0.235^2 \times (177 \times 54)/231 = 9.14$．自由度 2 のカイ二乗分布の上側 5% 点は 5.991．したがって仮説は棄却され，分布は右側にシフトしている（女性のほうが高い降雨確率で傘を持つ）と考えてよい．

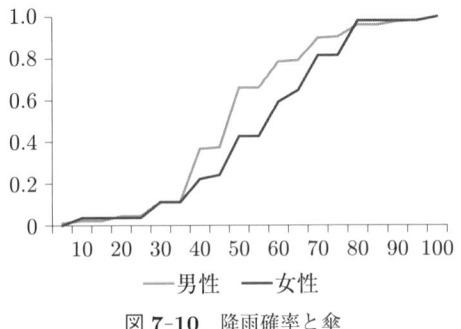

図 7-10　降雨確率と傘

　K-S検定は連続分布から得られた無作為標本を用い，仮定された連続分布との適合度を検定している．これに対し6.2節のカイ二乗適合度検定はカテゴリカルデータに対し，期待値との間の整合性を見ている．6.2節の表6-6に関する例ではグループ化されたデータ（度数分布）をもとに期待値との差を見ているが，K-S検定では経験および期待累積分布との差を1つ1つの観測値に対して測ることで得られる統計量をつくり，分布の適合度を検定している．

　カイ二乗とK-Sの2つの適合度検定について，ここでは離散分布を含むカテゴリカルデータにもとづく検定についてはカイ二乗，連続分布からのデータにもとづく場合にはK-S検定を用いるという形で整理しておく．

7.6　連検定

　ある事柄がランダムに起こっているかどうかを知りたい，逆にその事柄にある傾向性が見られるかどうかを知りたい，といったある事柄の生起のランダム性について検定する方法に連検定（runs test）がある．統計的な視点でランダム性をどう捉えたらよいかという点でこの検定法には興味深いものがあるので，本節では連検定の考え方と方法を取り上げてみる．

まず連について説明すると，反応が 2 分岐で現れている事象の中で同種のもののつながりを連とよぶ．たとえば，トランプのカードをよく切ってそのうちの最初の 20 枚を並べた結果が赤（R：ハートとダイヤ）と黒（B：スペードとクラブ）で次のように得られたとする．カードは十分に切られているといえるだろうか？

  RRBRRRBBBRRRRBRBRRBB

この列で，R のつながりと B のつながりを括り合わせてできる 1 つ 1 つのグループを連とよぶ．

  <u>RR</u> <u>B</u> <u>RRR</u> <u>BBB</u> <u>RRRR</u> <u>B</u> <u>R</u> <u>B</u> <u>RR</u> <u>BB</u>

この場合，R の個数は 12，B の個数は 8，そして連の個数（アンダーライン）は 10 である．

この連の数によってランダム性を検定しようというのが連検定の考え方で，上の例で並べられた結果がたとえば

  RRRRRRRRRRRRBBBBBBBB （連の数 2）
  RBRBRBRBRBRBRBRBRRRR （連の数 17）

のように連の数が極端に少ないのも多いのも，ランダム性という観点からは疑わしいというのが考え方の出発点である．

例 7.8 円周率 π

円周率 $\pi = 3.141592\cdots$ の小数点以下 25 桁の数字列が乱数的に出現しているかどうか調べてみたい．そこで小数点以下の数字について，奇数と偶数との連なりによって分類すると次の結果が得られる．

  <u>1</u> <u>4</u> <u>159</u> <u>26</u> <u>535</u> <u>8</u> <u>9793</u> <u>2</u> <u>3</u> <u>846264</u> <u>33</u>

この例では奇数の数が 14，偶数の数が 11，連の数が 11 であ

る．

　乱数的というのは奇数と偶数の並びだけを考えればよいわけではないので，2分岐への観点を変えて，数字を 0 〜 4 と 5 〜 9 のように大きい数字と小さい数字に分類した連を考えてみる．大小という観点から分類した新たな連ができ，この点から見たランダム性を調べることになる．

　　141 59 2 65 3 58979 323 8 4 6 2 6 433

今度の例では小さい数が 13，大きい数が 12，連の数は 13 である．

　株価の前日比が上がったか下がったかをある期間観測する，1日の最高気温の平年の平均気温との高低を何日かにわたって比較する，などによって得られた観測値全体についての連の数を調べることによって，このようなデータのランダム性，傾向性を検定しようというのが連検定である．

　上で述べたように，「連の数」が極端に多いのも，極端に少ないのもランダム性という仮説に反するというのがこの検定の考え方で，「連の分布」によって棄却域を決めることになる．連の確率分布について次の結果が得られている．

連の出現確率

　「赤と黒」，「偶数と奇数」などのように2分岐された列を「0」か「1」かの列で表せば，これら 0, 1 の列は確率 p で「1」が起こるベルヌーイ試行の列（第2.3節）と考えられる．連の数 R の分布は p に依存するが，「1」の数が n，「0」の数が m という条件のもとで，R の分布は次のように与えられる．

$$\Pr(R = 2k) = \frac{2\binom{m-1}{k-1}\binom{n-1}{k-1}}{\binom{N}{n}}$$

$$\Pr(R = 2k+1) = \frac{\binom{m-1}{k-1}\binom{n-1}{k} + \binom{m-1}{k}\binom{n-1}{k-1}}{\binom{N}{n}}$$

(7.12)

ここで連の数の最小値は 2, 最大値は $m = n$ のとき $2n$, $m > n$ のとき $2n+1$ で, 上の式の k の値もその範囲の値をとる.

実際に得られた連の数 R と 2 つに分類されたもの（0 と 1）の数 m と n に対し, m, n の値が小さいときには上記の確率（ないしは作成されている表）によって, 大きいときには次の平均と分散を持つ正規分布による近似によって検定を行う.

$$\text{平均}: E(R) = 1 + \frac{2nm}{m+n}$$
$$\text{分散}: V(R) = \frac{2mn(2mn - m - n)}{(m+n)^2(m+n-1)}$$

(7.13)

このとき

$$\text{検定統計量}: Z = \frac{R - E(X)}{\sqrt{V(X)}} \sim N(0, 1). \quad (7.14)$$

例7.9 円周率

例 7.8 の結果で, 奇数と偶数に分けた例をあげる. 帰無仮説は「ランダムである」, 対立仮説は「ランダムとはみなせない」

で，両側検定となる．例の結果から $m = 14$, $n = 11$, $R = 11$ で，
$$E(R) = 13.32, \quad V(R) = 5.811.$$
これから $z = (11 - 13.32)/\sqrt{5.811} = -0.962$．この値は標準正規分布の両側 5% 点 1.96 を超えていないので，仮説は捨てられない．

数字を大小に分けた例では $E(X) = 13.48$, $V(X) = 5.970$ で $z = -0.196$ であり，数字の大小という観点からもランダムと見てよい．

問 7.1

(1) 標準正規分布 $N(0,1)$ の分布関数を $\Phi(x)$ 密度関数を $\phi(x)$ とする．$N(\theta, 1)$ の分布関数，密度関数は $\Phi(x)$, $\phi(x)$ を使ってどう表せるか．

(2) $\theta_1 \geq \theta_2$ のとき $\Phi(x - \theta_1) \leq \Phi(x - \theta_2)$ となることを示せ．

問 7.2

符号検定を二項検定との関連で説明せよ．

問 7.3

7.3 節の符号つき順位和検定，7.4 節の順位和検定で，帰無仮説のもとで統計量 T^+, U_1 の期待値（平均値）を求めよ．

付録 A

別表の説明と関連問題

本書で扱っている事例の中で——特に検定の問題の計算例としては——次にあげるデータ（別表）を用いている．

これら D01，D02 の 2 つのデータは，異なる年度のある科目の試験結果の母集団からのランダムサンプルである．2 つのデータともに，前期と後期の試験結果を人数分の組データとしたもので，もう 1 つの属性として性別が与えられている．同じ年度間では前・後期の成績は同じ学生についての結果で，また，前・後期，各年度の試験問題は異なっている．それぞれの人数は次の通りである．

  D01 年度（前期，後期） 男性 10 名，女性 6 名
  D02 年度（前期，後期） 男性 12 名，女性 8 名

これらのデータをもとにして事例で扱っているのは，年度 D01 と D02 の前期と後期，あるいは男性と女性のそれぞれにおける母平均の差などである．

検定の問題は実際にデータを扱って仮説の設定から結論までの過程を経験しておくことが大切である．以下に，母平均と母分散の検定にかかわる構成と，関連する問題をあげておく．これらの中には例題で扱ったものもあるが，エクセルなどの手段を用い実際に計算すると内容への理解が深まると思う．

母分散の検定は次のような構成となっている．

1. 1 標本
 (a) 分散既知[1] (b) 分散未知
2. 2 標本
 A 2 つの標本に対応がない場合
 (a) 分散既知 (b) 分散未知，等分散 (c) 分散未知（Welch）
 B 2 つの標本間に対応がある場合

---

[1] 分散既知の場合の検定では，分散にかかわる特別な情報はないので，適宜分散の値を設定し検定を行い結果を評価するようにしてほしい．

別表　例題用データ

	D01 年度				D02 年度		
No	性	前期	後期	No	性	前期	後期
1	2	71	73	1	1	43	62
2	1	62	67	2	1	38	58
3	1	53	67	3	2	61	82
4	2	50	77	4	2	64	61
5	1	68	74	5	1	67	58
6	1	54	79	6	1	71	57
7	1	61	54	7	2	79	88
8	2	67	60	8	2	94	93
9	1	52	63	9	1	66	74
10	1	42	52	10	2	76	64
11	2	68	53	11	1	63	74
12	2	52	60	12	2	61	76
13	1	77	83	13	1	58	54
14	1	69	62	14	1	68	85
15	2	78	97	15	1	58	71
16	1	35	44	16	2	55	49
	平均	59.9	66.6	17	1	56	70
	SD	11.88	13.09	18	1	67	82
				19	2	68	65
				20	1	74	78
					平均	64.4	70.1
					SD	11.88	11.96

問題

問 1 ［1 標本］以下の 4 つのデータについて母平均を任意に設定し検定を行え．母分散については注にあげたとおり．［1-(a)］

D01 年度前期，D01 年度後期，D02 年度前期，D02 年度後期

問 2 母平均の値を任意に設定し検定を行え．データは問 1 と同じ．［1-(b)］

問 3 ［2 標本］母平均の差の検定を次のデータ間に対して行え．［2-A-(a)］

D01 年度前期と D02 年度前期，D01 年度前期と D02 年度前期

問 4 母平均の差の検定を次のデータ間に対して行え．［2-A-(b)］

D01 年度前期と D02 年度前期

D01 年度後期と D02 年度後期

D01 年度前期，男性と女性の間

D01 年度後期，男性と女性の間

D02 年度前期，男性と女性の間

D02 年度後期，男性と女性の間

問 5 母平均の差の検定を問 4 と同じデータ間に対して行え．［2-A-(c)］

問 6 母平均の差の検定を下記データに対し行え．［2-B］

D01 年度前期と後期の間，D02 年度前期と後期の間

問 7 ［1 標本］以下の 4 つのデータに対し，母分散の値を任意に設定しその値についての検定を行え．

D01 年度前期，D01 年度後期，D02 年度前期，D02 年度後期

問 8 ［2 標本］以下のデータ間について，母分散の同等性についての検定を行え．

D01 年度前期と D02 年度前期，D01 年度後期と D02 年度後期

付録 B

巻末問題

◇ 電卓を使った計算では計算途中での四捨五入は避け，メモリーなどを使って有効数字をできるだけ多く確保し，最後の答えのところで四捨五入した結果を示すようにすること．

◇ 仮説検定の問題では解答の中で帰無仮説，対立仮説，有意水準などを明記すること．

問1 次のデータはある科目の試験の結果である．
データ：{ 59, 84, 72, 68, 77 91, 89 }
(1) 平均と標準偏差を求めよ． (2) 84点の人の偏差値はいくらか．

問2 プロ野球の6球団A～Fの春のキャンプを見て，解説者甲と乙が右表のように順位予想を行った．秋の最終順位は結果の欄のようであった．2人の解説者の予想と結果の間の順位相関係数を求めよ．

	A	B	C	D	E	F
甲	3	5	1	4	2	6
乙	2	5	3	1	4	6
結果	3	4	2	1	5	6

問3 等質，等大の赤いボール20個と白いボール10個が入った箱がある．この中から次のようにランダムにボールを抽出する．それぞれの問に答えよ．
(1) 復元抽出によって5個のボールを取り出したとき，その中に赤いボールが2個含まれている確率を求めよ．
(2) 非復元抽出によって5個のボールを取り出したとき，その中に赤いボールが2個含まれている確率を求めよ．

問4 下にあげた0から9までの数字の乱数列を利用して，次の問題に答えよ（乱数列は見やすいように5つごとに区切ってある）．
(1) 1から47番までの番号のついた都道府県データの中から無作為に10都道府県を選び出し，選ばれたものの番号を記せ（非復元抽出）．
(2) 同上．復元抽出の場合には，選ばれた都道府県番号はどうなるか？

乱数列

62341	16745	94823	37428	33937
74520	35744	83213	11963	75983
51973	26446	64797	90802	94502
26411	58918	97923	94031	68645

問5 問4の乱数列を利用して，次の結果を記せ．
(1) サイコロを60回投げる実験を行いたい．サイコロの目1～6の数字列として60回分の実験結果を記せ．
(2) (1)の結果について，1から6までの目の度数分布を調べよ．
(3) (2)の結果について，それぞれの目が一様に出現しているかどうかについての適合度検定を行え．

問6 選択肢が3つの選択肢式の問題（正解は1つ）が7問ある．7問の

問題すべてに乱数を使ってランダムに解答したとき
(1) 4 問に正解する確率を求めよ (3 問不正解).
(2) 全問に不正解の確率を求めよ.

問 7 (1) 偏りのないサイコロを 10 回投げたとき 1 の目が 2 回出る確率を求めよ.
(2) 偏りのないサイコロを 10 回投げたとき 1 の目が 8 回以上出る確率を求めよ.
(3) 「支持率 80%」の母集団から復元抽出で任意に選んだ 10 人について「支持する」が 2 人以下である確率を計算せよ.

問 8 変数 X が平均 μ 分散 σ^2 の正規分布 $N(\mu, \sigma^2)$ にしたがうとき
(1) X が $\mu - 1.96\sigma$ から $\mu + 1.96\sigma$ までの間の値をとる確率は全体のほぼ _____ % である.
(2) X が μ から $\mu + 1.96\sigma$ までの間の値をとる確率は全体のほぼ _____ % である.
(3) X が $\mu + 1.645\sigma$ 以上の値 ($X \geq \mu + 1.645\sigma$) をとる確率は全体のほぼ _____ % である.

問 9 正規分布 $N(12, 3^2)$ と $N(8, 1)$ の 2 つのグラフの概略を同じ図の上に描け (x 軸の目盛りをキチンと記すこと).

問 10 変数 X が平均 μ 分散 σ^2 の正規分布にしたがうことを $X \sim N(\mu, \sigma^2)$ と書くことにする. このとき次の各部分の確率(割合)を求めよ.
(1) $X \sim N(0, 1)$ のとき $X \geq -1.26$.
(2) $X \sim N(0, 1)$ のとき $1.13 \leq X \leq 2.56$.
(3) $X \sim N(60, 10^2)$ のとき $X \leq 50$.
(4) $X \sim N(170, 5^2)$ のとき $160 \leq X \leq 165$.

問 11 変数 X が平均 μ 分散 σ^2 の正規分布にしたがうことを $X \sim N(\mu, \sigma^2)$ と書くことにする.
(1) $X \sim N(65, 8^2)$ のとき $X \geq x_0$ の割合 (割合) が 0.2 となる x_0 の値はいくらか.
(2) $X \sim N(100, 5^2)$ のとき $X \leq x_0$ の割合 (割合) が 0.1 となる x_0 の値はいくらか.

問 12 (1) 中学 3 年男子の身長の分布が正規分布 $N(165.3, 6.7^2)$ (cm) にしたがうとき, 全体の中で身長が 170 cm 以上の生徒の割合はどのくらいか.

(2) 中学3年女子の身長の分布が正規分布 $N(156.7, 5.3^2)$ (cm) にしたがうとき，男子，女子を合わせた全体の中で女子の身長の方が大きい割合はどのくらいか．

問 13 ある人の通勤時間の分布が，バスが平均 25 分，標準偏差 7 分，電車が平均 25 分，標準偏差 3 分，徒歩と待ち合わせが平均 15 分，標準偏差 5 分，のそれぞれ正規分布にしたがうものとする．
(1) 通勤に 80 分以上かかる場合の割合はどのくらいか．
(2) 全通勤時間の中で，ある時間 x_0 よりも多く時間のかかる割合が約 30 % であるとする．x_0 の値はいくらか．

問 14 コインを 100 回投げたとき，「表」の出た回数を表わす変数 X の分布は二項分布 $B(100, 0.5)$ となるが，これは平均 $100 \times 0.5 = 50$，分散 $100 \times 0.5 \times 0.5 = 25 (= 5^2)$ の正規分布 $N(50, 5^2)$ によって近似できる．このことを使って，次の問に答えよ．
(1) $X \geq 70$ となる（100 回投げ，表が 70 回以上出る）確率を求めよ．
(2) $X \geq x_0$ の割合が全体のほぼ 5% であるとき，x_0 の値はいくらか．

問 15 サイコロを 900 回投げたとき，1 の目は平均的には 150 回出ると考えられる．ところで，200 回以上出ることはどのくらいの割合で起こりうるだろうか？ はじめに直観的にその確率を予想し，次に正規分布による近似を使ってこの確率を計算せよ．
　この問題で，1 の目が 175 回以上出る確率とした場合はどうか．

問 16 ある意見について賛成，反対の人の割合が（当該の母集団で）それぞれ 50% であるとする．この母集団から 1,000 人のランダムサンプルを抽出し，賛成と答える人の数 X を求めることで，母集団における賛成の割合を探ってみたい．
(1) 抽出された 1,000 人の中で，賛成の数 X が 600 人以上となる確率はどのくらいか．
(2) 550 人以上が賛成と答える確率はどのくらいか？
(3) 正規分布 $N(\mu, \sigma^2)$ からのランダムサンプルでは，全体の 90% の割合が $\mu - 1.645\sigma$ から $\mu + 1.645\sigma$ の範囲に入っていることが知られている．このことにもとづいて計算すると，ランダムサンプル 1,000 人についての調査では，その結果のおよそ 90% は ＿＿＿ 人から ＿＿＿ 人の間にあると予想される．
　　（ヒント）賛成の人の数 X のしたがう分布は二項分布 $B(n, p)$ で，この分布は正規分布 $N(np, np(1-p))$ によって近似される．

問 17 内閣府による国民生活についての標本調査（母集団は全国 20 才以上の者）で，生活態度について，調査した合計 6,146 人の中で

	A	B	計
男性	1,708	927	2,635
女性	2,138	926	3,064

A：「物質的にある程度豊かになったので，これからは心の豊かさやゆとりのある生活をすることに重きをおきたい」と答えた人が 3,846 人，B：「まだまだ物質的な面で生活を豊かにすることに重きをおきたい」と答えた人が 1,853 人，C：「どちらともいえない，その他」が 447 人であった．
(1) A と答えた人についての 95% 信頼区間を求めよ．
(2) この調査結果で，「どちらともいえない，その他」を除き，男女別に見たのが次の結果である．A, B の 2 つの選択（心の豊かさ，物質的な豊かさ）と性別の間に何らかの関連があるといえるか？ 有意水準 5% で検定せよ．

問 18 次の値はある平均と分散 $\sigma^2 = 100$ を持つ正規分布からとられた乱数である．母平均についての 90% 信頼区間を求めよ．
    56.8, 50.0, 63.5, 55.3, 43.4, 51.4, 40.6, 52.1, 68.6

問 19 次のデータはある平均 μ と分散 σ^2 を持つ正規分布にしたがう乱数をコンピュータで 7 個生成したものである．μ についての 95% 信頼区間を求めよ．
    53, 58, 42, 48, 53, 51, 45

問 20 単純無作為抽出法によって大きな母集団から，大きさ n の標本を抽出し，母集団比率 p を推定したい．このときの抽出誤差 ε をサンプルサイズ n と母集団比率 p との関連で次のような形で製表せよ．

サンプルサイズ (n)	母集団比率 (p)				
	0.1(0.9)	0.2(0.8)	0.3(0.7)	0.4(0.6)	0.5
500					
1,000					
2,000					
⋮					
10,000					

問 21 ある大学の学生全体を対象として，自宅でインターネットに接続している学生の比率についての調査を行った．$n = 180$ 名のサンプルのうち

$x = 110$ 名がインターネット接続をしていた.
(1) 母集団での接続比率 p の値が 0.60（60%）を超えていると見てよいか. 有意水準 5% で検定せよ.
(2) 上の調査で，インターネットに接続している学生の比率を $\pm 4\%$ の誤差の範囲で推定するには，どの位の人数の学生について調査を行う必要があるか（サンプルの大きさ）.

問 22 学園祭の執行部は，学園祭のあるテーマについて賛成している者の割合が半数を超えているかどうかを知るために，$n = 300$ 人のランダムサンプルについてサンプル調査を行ったところ，$x = 180$ 人が賛成と答えた. この結果から母集団比率 p は半数を超えていると見てよいか.

問 23 ある試験科目の受験者からランダムに選んだ 6 人の結果（得点）が次の通りであった. 母集団に正規分布が仮定できるとして，母平均 μ が前回の平均 60 点を超えているかどうかについての検定を行え. なお，有意水準は各自設定せよ.

  68, 73, 45, 41, 82, 63

問 24 次のデータは平均 0, 分散 1 の正規分布からのランダムサンプルとみなせるか. 有意水準 5% で検定せよ.

  1.01, 0.52, 0.05, -1.77, -0.92, -1.17

問 25 次のデータは高校ラグビー選手のフォワードとバックスの選手の中からランダムに選び出した選手の身長である. 両グループについて身長に差があるといえるか？　検定せよ.

	1	2	3	4	5	6	7
フォワード	174	183	178	179	186	182	177
バックス	176	175	171	166	170	178	

問 26 自然対数の底 $e = 2.71828\cdots$ の小数点以下 100 桁の値は次の通りである（見やすいように区切ってある）.

  71828　18284　59045　23536　02874
  71352　66249　77572　47093　69995
  95749　66967　62772　40766　30353
  54759　45713　82178　52516　64274

(1) 仮説「e の数字列の中に, 0 から 9 までの各数字は同じ割合で現れる」を検定したい. 100 桁までの数字はこの仮説を支持しているとみてよ

いか. 有意水準 5% で検定せよ.
(2) 仮説「e の数字列の中に，奇数と偶数は同じ割合で現れる」を検定したい. 100 桁までの数字はこの仮説を支持しているとみてよいか. 有意水準 5% で検定せよ.
(3) 仮説「e の数字列の中に，奇数と偶数はランダムに出現している」を検定したい. 100 桁までの数字はこの仮説を支持しているとみてよいか. 有意水準 5% で検定せよ.

問 27 1 から 4 までの整数を，できるだけランダムであることを意識しながら素早く 60 個記せ. 書き上げた 60 個の数字列について
(1) 1 から 4 までの数字の度数を調べ，それらが一様に（等頻度で）出現しているという仮説を検定せよ.
(2) 奇数と偶数に分けた連検定によってランダム性の検定を行え.

問 28 学生 200 名に血液型を聞き次の結果を得た. 日本人全体での血液型の割合は，A 型 38%，B 型 22%，AB 型 9%，O 型 31% であるといわれている. データはこの割合に適合しているといえるか. 検定せよ.

血液型	A	B	AB	O	計
観測値	66	43	22	69	200

問 29 次の表は東京証券取引所一部上場企業の中からランダムに取りだした 16 社について，ある年の大発会（1 月）と，大納会（12 月）の株価を記したものである（$C_1, C_2, \ldots C_{16}$ は会社名）.

社名	C_1	C_2	C_3	C_4	C_5	C_6	C_7	C_8
年初	212	402	298	330	2,270	135	341	403
年末	127	393	274	325	1,040	105	297	381

社名	C_9	C_{10}	C_{11}	C_{12}	C_{13}	C_{14}	C_{15}	C_{16}
年初	1,005	660	228	545	420	596	143	334
年末	1,297	833	171	505	455	655	135	309

(1) 年初と年末の値の関連について，ピアソンの相関係数を求めよ.
(2) 年初と年末の値の関連について，スピアマンの順位相関係数を求めよ.
(3) 年初と年末の株価の中央値の変動について，符号検定で検定せよ.

問 30 次のデータはある試験の前期の結果を男女別に分けて得られたランダムサンプルである. 男女によって得点の分布にズレがあるといえるか. 順位和検定によって検定せよ（注：同順位には順位の平均を与えよ. また，

正規近似を用いよ).

番号	1	2	3	4	5	6	7	8	9	10
女性	81	47	75	92	66	78	72	53	82	85
男性	50	86	55	80	72	45	57	55	52	72

番号	11	12	13	14	15
女性	58				
男性	100	54	55	95	44

問 31 下にあげた表は，ある年の東京における 12 月の毎日の平均気温 (A) を，当該の日に対する 30 年間の平均気温 (B) と較べたものである．

(1) この 12 月の気温は平年より低めであったといってよいか．平年値との差を使って符号検定で検定せよ．

日	1	2	3	4	5	6	7	8	9	10	11
A	10.1	11.0	10.8	9.7	14.0	12.1	6.5	5.8	1.7	4.3	5.3
B	10.3	10.2	10.0	9.9	9.8	9.7	9.5	9.4	9.3	9.0	9.0
日	12	13	14	15	16	17	18	19	20	21	22
A	5.8	5.9	5.1	5.9	11.1	10.8	7.5	9.3	9.0	5.0	6.7
B	8.8	8.7	8.5	8.4	8.2	8.1	8.0	7.9	7.7	7.6	7.5
日	23	24	25	26	27	28	29	30	31		
A	6.6	6.5	7.6	6.1	4.2	3.5	5.1	5.5	5.6		
B	7.4	7.4	7.3	7.2	7.1	7.0	6.9	6.8	6.7		

(2) 上のデータで，12 月のそれぞれの日の平均気温が 30 年間の平均気温よりも高い場合をプラス，低い場合をマイナスとし，連検定によってランダム性（傾向性）の検定を行え．

問 32 問 29 の株価データについて年初，年末のそれぞれについて経験分布関数を作り 2 つを比較せよ．

問 33 問 25 のデータについて，身長の差について順位和検定を行え．なお，判定には正規近似を用いよ．

問 34 次のデータは 2000 年，2005 年および 2009 年の都道府県別出生率（人口千人あたり，人）を示している．

(1) 符号検定によって 2000 年と 2005 年，2005 年と 2009 年の差を調べよ．

(2) 各年について出生率について経験分布を作れ．
(3) (2) の結果をもとに，コルモゴロフ－スミルノフ検定で年度ごとの出生率の差を検定せよ．

	北海道	青森	岩手	宮城	秋田	山形	福島	茨城	栃木	群馬
2000	8.2	8.8	8.8	9.4	7.6	8.8	9.6	9.6	9.6	9.7
2005	7.4	7.3	7.6	8.2	6.7	7.7	8.4	8.3	8.7	8.6
2009	7.3	6.9	7.4	8.2	6.4	7.4	8.0	8.3	8.6	8.3

	埼玉	千葉	東京	神奈川	新潟	富山	石川	福井	山梨	長野
2000	9.7	9.4	8.5	9.9	8.9	9.1	9.8	9.8	9.5	9.7
2005	8.6	8.5	7.8	8.8	7.6	8.1	8.6	8.8	8.2	8.6
2009	8.5	8.6	8.5	8.9	7.6	7.8	8.5	8.8	7.8	8.1

	岐阜	静岡	愛知	三重	滋賀	京都	大阪	兵庫	奈良	和歌山
2000	9.7	9.6	10.8	9.7	10.6	9.2	10.2	10.0	9.3	9.0
2005	8.6	8.6	9.4	8.4	9.5	8.3	8.8	8.6	7.9	7.6
2009	8.5	8.6	9.7	8.6	9.5	8.2	8.7	8.6	7.7	7.5

	鳥取	島根	岡山	広島	山口	徳島	香川	愛媛	高知	福岡
2000	9.3	8.6	9.8	9.6	8.7	8.8	9.6	8.9	8.4	9.5
2005	8.3	7.7	8.6	8.7	7.8	7.3	8.6	7.9	7.5	8.7
2009	8.3	7.8	8.5	9.0	7.8	7.5	8.4	8.1	7.1	9.2

	佐賀	長崎	熊本	大分	宮崎	鹿児島	沖縄
2000	10.0	9.3	9.3	9.0	9.5	9.1	12.8
2005	8.7	8.2	8.5	8.1	8.5	8.5	11.9
2009	8.9	8.3	9.0	8.4	9.0	8.8	12.2

解　答

各章の問題の解答

第 1 章

問 1.1

$$\text{平均}: \bar{y} = \frac{1}{n}\sum_{i=1}^{n} = \frac{1}{n}\sum_{i=1}^{n}(ax_i + b) = \frac{1}{n}\left(a\sum_{i=1}^{n} x_i + nb\right) = a\bar{x} + b.$$

$$\text{分散}: s_y^2 = \frac{1}{n}\sum_{i=1}^{n}(y_i - \bar{y})^2 = \frac{1}{n}\sum_{i=1}^{n}(ax_i + b - a\bar{x} - b)^2$$
$$= \frac{a^2}{n}\sum_{i=1}^{n}(x_i - \bar{x})^2 = a^2 s_x^2.$$

問 1.2 $u_i = (x_i - \bar{x})/s_x$, $v_i = (y_i - \bar{y})/s_y$ を用いると共分散は

$$c_{xy} = \frac{1}{n}\sum_{i=1}^{n}(x_i - \bar{x})(y_i - \bar{y}) = \frac{1}{n}\sum_{i=1}^{n} u_i s_x v_i s_y$$

と書ける．したがって，相関係数は

$$r = \frac{c_{xy}}{s_x s_y} = \frac{1}{n}\sum_{i=1}^{n} u_i v_i.$$

問 1.3 データ $x_1, x_2, \ldots, x_n$ のそれぞれに 1 から n までの値が対応しているので，

$$\sum_{i=1}^n x_i = \sum_{i=1}^n i = \frac{1}{2}n(n+1),$$
$$\sum_{i=1}^n x_i^2 = \sum_{i=1}^n i^2 = \frac{1}{6}n(n+1)(2n+1).$$

したがってデータの平均と分散は

$$\bar{x} = \frac{n+1}{2}, \quad s_x^2 = \frac{1}{n}\sum_{i=1}^n x_i^2 - \bar{x}^2 = \frac{n^2-1}{12}.$$

また，$(x_i - y_i)^2 = x_i^2 + y_i^2 - 2x_i y_i$ から

$$\sum_{i=1}^n x_i y_i = \frac{1}{2}\left(\sum_{i=1}^n x_i^2 + \sum_{i=1}^n y_i^2\right) - \frac{1}{2}\sum(x_i - y_i)^2$$
$$= \frac{1}{6}n(n+1)(2n+1) - \frac{1}{2}\sum_{i=1}^n (x_i - y_i)^2,$$

これから共分散は

$$c_{xy} = \frac{1}{n}\sum_{i=1}^n x_i y_i - \bar{x}\bar{y} = \frac{1}{12}(n^2-1) - \frac{1}{2n}\sum_{i=1}^n (x_i - y_i)^2.$$

y についての平均，分散も同じなのでピアソンの相関係数は結局次のように表される．

$$r = \frac{c_{xy}}{s_x s_y} = 1 - \frac{6\sum_{i=1}^n (x_i - y_i)^2}{n^3 - n}.$$

第2章

問 2.1 平均の定義から

$$E(X) = \sum_{x=0}^n x \Pr(X=x) = \sum_{x=0}^n x \frac{n!}{x!(n-x)!} p^x (1-p)^{n-x}$$
$$= np \sum_{x=1}^n \frac{(n-1)!}{(x-1)!(n-x)!} p^{x-1}(1-p)^{n-x} = np.$$

$X(X-1)$ の期待値は

$$E(X(X-1)) = \sum_{x=0}^{n} x(x-1)\frac{n!}{x!(n-x)!}p^x(1-p)^{n-x}$$
$$= n(n-1)p^2 \sum_{x=2}^{n} \frac{(n-2)!}{(x-2)!(n-x)!}p^{x-2}(1-p)^{n-x}$$
$$= n(n-1)p^2.$$

$E(X(X-1)) = E(X^2) - E(X)$ なので

$$E(X^2) = E(X(X-1)) + E(X) = n(n-1)p^2 + np.$$

したがって

$$V(X) = E(X^2) - (E(X))^2 = n(n-1)p^2 + np - n^2p^2$$
$$= np(1-p).$$

階乗を含む積率計算では $E(X(X-1))$ の形の期待値が使われることがある．一般に $E(X(X-1)\cdots(X-k+1))$ の形の積率を階乗積率とよんでいる．

問 2.2 一様分布の期待値は定義から

$$E(X) = \int_a^b x\frac{1}{b-a}dx = \frac{1}{b-a}\left[\frac{1}{2}x^2\right]_a^b = \frac{a+b}{2}.$$

また，

$$E(X^2) = \int_b^a x^2\frac{1}{b-a}dx = \frac{1}{b-a}\left[\frac{1}{3}x^3\right]_a^b = \frac{1}{3}(b^2+ab+a^2)$$

なので，分散は

$$V(X) = E(X^2) - (E(X))^2 = \frac{1}{3}(b^2+ab+a^2) - \left(\frac{a+b}{2}\right)^2$$
$$= \frac{1}{12}(b-a)^2.$$

問 2.3 式 (2.33) は $X_1, X_2, \ldots, X_n$ が連続，離散型の分布からのサンプルに対し成立し，この式から，$E(\bar{X}) = \mu$ である．

$$S^2 = \frac{1}{n}\sum_{i=1}^{n}(X_i - \bar{X})^2 = \frac{1}{n}\sum_{i=1}^{n}(X_i - \mu - (\bar{X}-\mu))^2$$
$$= \frac{1}{n}\left\{\sum_{i=1}^{n}(X_i-\mu)^2 - 2\sum_{i=1}^{n}(X_i-\mu)(\bar{X}-\mu) + \sum_{i=1}^{n}(\bar{X}-\mu)^2\right\},$$

と書け,
$$2\sum_{i=1}^{n}(X_i-\mu)(\bar{X}-\mu) = 2n(\bar{X}-\mu)^2, \quad \sum_{i=1}^{n}(\bar{X}-\mu)^2 = n(\bar{X}-\mu)^2.$$
したがって,
$$E(S^2) = \frac{1}{n}\sum_{i=1}^{n}E(X_i-\mu)^2 - E(\bar{X}-\mu)^2 = \frac{1}{n}n\sigma^2 - \frac{\sigma^2}{n} = \frac{n-1}{n}\sigma^2.$$
これから $U^2 = \dfrac{n}{n-1}S^2$ とおけば
$$E(U^2) = E\left(\frac{n}{n-1}S^2\right) = E\left(\frac{1}{n-1}\sum_{i=1}^{n}(X_i-\bar{X})^2\right) = \sigma^2.$$
となる.

第3章

問 3.1 $X_1, X_2, \ldots, X_n$ が $N(\mu, \sigma^2)$ からの無作為標本のとき $(1/\sigma^2)\sum_{i=1}^{n}(X_i - \bar{X})^2$ は自由度 $n-1$ のカイ二乗分布, $(\bar{X}-\mu)^2/(\sigma^2/n)$ は自由度 1 のカイ二乗分布にしたがい,しかも両者は互いに独立である.したがって,(3.9) から
$$\frac{(\bar{X}-\mu)^2/(\sigma^2/n)}{(1/\sigma^2)\sum_{i=1}^{n}(X_i-\bar{X})^2/(n-1)} = \frac{(\bar{X}-\mu)^2}{U^2/n}$$
は自由度対 $[1, n-1]$ の F-分布にしたがう.

問 3.2 $X \sim N(0,1)$ のとき $Z = X^2$ の分布を求める.Z の分布関数 $G(z)$ は
$$G(z) = \Pr(Z \leq z) = \Pr(X^2 \leq z) = \Pr(-\sqrt{z} \leq X \leq \sqrt{z})$$
$$= 2\int_{0}^{\sqrt{z}} f(x)dx.$$
ここで,$f(x)$ は $N(0,1)$ の密度関数である.$G'(z) = g(z)$ なので,上の式を微分して密度関数 $g(z)$ は
$$g(z) = z^{-1/2}f(\sqrt{z}) = z^{-1/2}\frac{1}{\sqrt{2\pi}\sigma}e^{-z/2}.$$
これを書き直し (3.6) 式の形に表すと

$$g(z) = \frac{1}{2^{1/2}\Gamma(1/2)} z^{(2-1)/2} e^{-z/2}$$

となる．これは自由度 1 のカイ二乗分布である．

問 3.3 Z の分布関数を $H(z)$，X，Y の同時密度関数を $f(x,y)$ とおくと

$$G(z) = \Pr(Z \leq z) = \iint_{x+y\leq z} f(x,y)dxdy$$

と書ける．X と Y は独立で，X と Y の密度関数をそれぞれ $f_1(x)$，$f_2(y)$ とすると $f(x,y) = f_1(x)f_2(y)$ と書けるので

$$G(z) = \int_{-\infty}^{x} \int_{-\infty}^{z-x} f_1(x)f_2(y)dxdy,$$

これから密度関数は

$$g(z) = \int_{-\infty}^{x} f_1(x)f_2(z-x)dx.$$

ここで，
$f_1(x) = \frac{1}{\sqrt{2\pi}\sigma} e^{-(x-\mu_1)^2/(2\sigma^2)}, f_2(y) = \frac{1}{\sqrt{2\pi}\sigma} e^{-(y-\mu_2)^2/(2\sigma^2)}$
なので

$$g(z) = \int_{-\infty}^{\infty} \left(\frac{1}{\sqrt{2\pi}\sigma}\right)^2 e^{-\frac{1}{2\sigma^2}((x-\mu_1)^2 + (z-x-\mu_2)^2)} dx$$
$$= \frac{1}{\sqrt{2\pi}\sqrt{2}\sigma} e^{-\frac{1}{4\sigma^2}(x-\mu_1-\mu_2)^2}.$$

すなわち，$X+Y$ の分布は $N(\mu_1+\mu_2, 2\sigma^2)$ である．

第4章

問 4.1 (4.2) 式のカッコ内を二乗して $(\hat{p}-p)^2 \leq z(\alpha)^2 p(1-p)/n$．これから二次不等式

$$(n + z(\alpha)^2)p^2 - (2n\hat{p} + z(\alpha)^2)p + n\hat{p}^2 \leq 0$$

が得られる．これを解いて p をはさむ不等式をつくると

$$\frac{1}{2(1+z(\alpha)^2/n)}\{2\hat{p} + z(\alpha)^2/n - \sqrt{4z(\alpha)^2\hat{p}(1-\hat{p})/n + z(\alpha)^2/n^2}\} \leq p$$
$$\leq \frac{1}{2(1+z(\alpha)^2/n)}\{2\hat{p} + z(\alpha)^2/n + \sqrt{4z(\alpha)^2\hat{p}(1-\hat{p})/n + z(\alpha)^2/n^2}\}$$

n を十分大きいとし,この不等式で $1/n$(ルートの中は $1/n^2$)の項を無視すると

$$\hat{p} - z(\alpha)\sqrt{\hat{p}(1-\hat{p})} \leq p \leq \hat{p} - z(\alpha)\sqrt{\hat{p}(1-\hat{p})}$$

となって (4.3) 式が得られる.

問 4.2 正規分布の母平均と母分散の最尤推定量

正規分布 $N(\mu, \sigma^2)$ からの大きさ n の無作為標本によって μ および $\hat{\sigma}^2$ の最尤推定量を求める.(4.18) 式から尤度関数は

$$L(\mu, \sigma^2) = \prod_{i=1}^{n} \frac{1}{\sqrt{2\pi}\sigma} e^{-\frac{(x_i-\mu)^2}{2\sigma^2}} = \left(\frac{1}{\sqrt{2\pi}\sigma}\right)^n e^{-\frac{1}{\sigma^2}\sum_{i=1}^{n}(x_i-\mu)^2}$$

両辺の対数をとると(これを対数尤度関数とよぶ)

$$\log(L(\mu, \sigma^2)) = -\frac{n}{2}\log(2\pi) - \frac{n}{2}\log(\sigma^2) - \frac{1}{2\sigma^2}\sum_{i=1}^{n}(x_i-\mu)^2$$

この関数を最大にする μ と σ^2 は,それぞれの母数について微分した結果を 0 とおくことによって得られる.すなわち

$$\frac{1}{2\sigma^2}\sum_{i=1}^{n}(x_i-\mu)^2 = 0$$

$$\frac{n}{2}\frac{1}{\sigma^2} - \frac{1}{2}\frac{1}{\sigma^4}\sum_{i=1}^{n}(x_i-\mu)^2 = \frac{1}{2}(n\sigma^2 - \sum_{i=1}^{n}(x_i-\mu)^2) = 0$$

を満たす μ, σ^2 が尤度関数を最大にする.このことから μ と σ^2 の推定量としてそれぞれ次の推定量が得られる.

$$\hat{\mu} = \bar{X}, \quad \hat{\sigma}^2 = \frac{1}{n}\sum_{i=1}^{n}(x_i-\mu)^2.$$

問 4.3 第 2 章,問題 3 から U_1^2 は $N(\mu_1, \sigma_1^2)$ からの無作為標本の不偏分散なので $E(U_1^2) = \sigma_1^2$.同様に U_2^2 についても $E(U_2^2) = \sigma_2^2$.したがって

$$E(U^2) = \frac{(n_1-1)E(U_1^2) + (n_2-1)E(U_2^2)}{n_1+n_2-2}$$
$$= \frac{(n_1-1)\sigma_1^2 + (n_2-1)\sigma_2^2}{n_1+n_2-2}.$$

(4.6) 式は等分散 $\sigma_1^2 = \sigma_2^2 \equiv \sigma^2$ のもとで考えているので,上の式から $E(U^2) = \sigma^2$.

第5章

問 5.1 帰無仮説 $H_0 : \mu = 134.0$ のもとで：$\bar{X}$ の分布は $N(134.0, 2.0^2)$.
対立仮説 $H_1 : \mu = 139.0$ のもとで：$\bar{X}$ の分布は $N(139.0, 2.0^2)$.

図 5-2 のように正規分布 $N(134.0, 2^2)$ で上側 5% を仮説の棄却域とすると，$(x_0 - 134.0)/2.0 = 1.645$ から $x_0 = 137.29$. 対立仮説のもとでの分布で $\bar{X} \leq 137.29$ の部分の確率が第 2 種の過誤の確率で，これは $N(0,1)$ で $z \leq (137.29 - 139.0)/2.0 = -0.85$ の部分の確率となる．この値は 0.198. なお，$1 - 0.198 = 0.802$ が検出力である．

問 5.2 問題 1 で対立仮説 $H_1 : \mu = \mu_1$ としたとき，第 2 種の過誤の確率は $N(\mu_1, 2^2)$ で $X \leq 137.29$ の部分の確率，あるいはこれを標準化し，$N(0,1)$ で $z \leq (137.29 - \mu_1)/2$ の部分の確率となる．μ_1 のいくつかの値について第 2 種の過誤の確率を計算すると下表のようになる．

μ_1	134	135	136	137	138	139	140
第 2 種の過誤	0.95	0.87	0.74	0.56	0.36	0.20	0.09
検出力	0.05	0.13	0.26	0.44	0.64	0.80	0.91

この問題は以上のことの一般化である．大きさ n のサンプルにもとづき

帰無仮説 $H_0 : \mu = \mu_0$，対立仮説 $H_1 : \mu = \mu_1 (> \mu_0)$

として検定するとき，$\bar{X} \sim N(\mu_0, \sigma^2/n)$ で，有意水準 5% の棄却域は $(x_0 - \mu_0)/(\sigma/\sqrt{n}) = 1.645$ から $x_0 = \mu_0 + 1.645\sigma/\sqrt{n}$ となる．

したがって $N(\mu_1, \sigma^2/n)$ で $X \leq x_0$ の部分の確率が第 2 種の過誤の確率で，これは $N(0,1)$ で

$$\frac{x_0 - \mu_1}{\sigma/\sqrt{n}} = \frac{\mu_1 - \mu_0 + 1.645\sigma}{\sigma/\sqrt{n}} = \frac{\sqrt{n}(\mu_0 - \mu_1)}{\sigma} + 1.645$$

の部分の確率 $\Phi\left(\dfrac{\sqrt{n}(\mu_0 - \mu_1)}{\sigma} + 1.645\right)$ となる．ここで $\Phi(x)$ は標準正規分布 $N(0,1)$ の分布関数である．

検出力は

$$1 - \Phi\left(\frac{\sqrt{n}(\mu_0 - \mu_1)}{\sigma} + 1.645\right) = \Phi\left(-\frac{\sqrt{n}(\mu_0 - \mu_1)}{\sigma} - 1.645\right)$$

である．ここで $\delta = \mu_1 - \mu_0$ とおくと検出力は $\Phi(\sqrt{n}\delta/\sigma - 1.645)$ と書けるが，これを δ についての検出力関数とよぶ（以上のことは片側 $(\mu_1 > \mu_0)$ で考えているので $\delta \geq 0$ である）．

上の例でみられるように，$\delta = 0$ のとき検出力は 0.05，δ の増加関数で δ を大きくすると検出力は 1 に近づく．

問 5.3 正規分布表（あるいは，表 5-2）から上側 1% 点は 2.33，2.5% 点は 1.96．また，$\delta = 1, \sigma = 1$ である．したがって，式 (5.17) から $n = (2.33 + 1.96)^2 = 18.4$．すなわち，サンプルの大きさは 19 となる．

第6章

問 6.1 統計量 (5.2) 式に実現値を用いて計算するが，$\hat{p}_1 = x_1/n_1$, $\hat{p}_2 = x_2/n_2$ を代入し，両辺を二乗すると

$$z^2 = \frac{n_1 n_2}{n_1 + n_2} \frac{\left(\frac{x_1}{n_1} - \frac{x_2}{n_2}\right)^2}{\frac{x_1+x_2}{n_1+n_2} \frac{n_1+n_2-x_1-x_2}{n_1+n_2}}$$
$$= \frac{(n_1 + n_2)(n_2 x_1 - n_1 x_2)^2}{n_1 n_2 (x_1 + x_2)(n_1 + n_2 - x_1 - x_2)}.$$

比率の差の検定を四分表の形で表すと下表の形をしているが，これに (6.5) 式の χ^2-統計量を適用した形が上記の式に一致している．

	属性 A	属性 B	計
グループ 1	x_1	$n_1 - x_1$	n_1
グループ 2	x_2	$n_2 - x_2$	n_2
	$x_1 + x_2$	$n_1 + n_2 - x_1 - x_2$	$n_1 + n_2$

問 6.2 $\hat{n}_{11} = n_{1.} n_{.1}/n$ を $n_{11} - \hat{n}_{11}$ に代入すると

$$n_{11} - \hat{n}_{11} = n_{11} - n_{1.} n_{.1}/n = (n_{11} n - n_{1.} n_{.1})/n$$
$$= \{n_{11}(n_{11} + n_{12} + n_{21} + n_{22})$$
$$\quad - (n_{11} + n_{12})(n_{11} + n_{21})\}/n$$
$$= (n_{11} n_{22} - n_{12} n_{21})/n$$

したがって

$$\frac{(n_{11}-\hat{n}_{11})^2}{\hat{n}_{11}} = \frac{(n_{11}n_{22}-n_{12}n_{21})^2}{nn_{1.}n_{.1}}$$

同様に他の 3 つの項にも $\hat{n}_{21} = n_{2.}n_{.1}/n$, $\hat{n}_{22} = n_{2.}n_{.2}/n$, $\hat{n}_{12} = n_{1.}n_{.2}/n$ を代入し合算すると

$$\chi^2 = (n_{11}n_{22}-n_{12}n_{21})^2 \Big/ \left(\frac{1}{nn_{1.}n_{.1}} + \frac{1}{nn_{1.}n_{.2}} + \frac{1}{nn_{2.}n_{.1}} + \frac{1}{nn_{2.}n_{.2}}\right)$$
$$= \frac{n(n_{11}n_{22}-n_{12}n_{21})^2}{n_{1.}n_{2.}n_{.1}n_{.2}}.$$

問 6.3 $\underline{2 \times 2 \text{分割表の場合}}$

表 6-1 とその確率モデルから尤度は次のようになる.

$$\begin{aligned}L &= p_{11}^{n_{11}} p_{12}^{n_{12}} p_{21}^{n_{21}} p_{22}^{n_{22}} \quad (\text{独立性から } p_{ij} = p_{i.}p_{.j} \text{なので}) \\ &= (p_{1.}p_{.1})^{n_{11}} (p_{1.}p_{.2})^{n_{12}} (p_{2.}p_{.1})^{n_{21}} (p_{2.}p_{.2})^{n_{22}} \\ &= p_{1.}^{(n_{11}+n_{12})} p_{2.}^{(n_{21}+n_{22})} p_{.1}^{(n_{11}+n_{21})} p_{.2}^{(n_{12}+n_{22})} \\ &= p_{1.}^{(n_{11}+n_{12})}(1-p_{1.})^{(n_{21}+n_{22})} p_{.1}^{(n_{11}+n_{21})}(1-p_{.1})^{(n_{12}+n_{22})}\end{aligned}$$

$L_1 = p_{1.}^{(n_{11}+n_{12})}(1-p_{1.})^{(n_{21}+n_{22})}$, $L_2 = p_{.1}^{(n_{11}+n_{21})}(1-p_{.1})^{(n_{12}+n_{22})}$, $L = L_1 L_2$ とおき, L を最大にする p_{ij} を見出す.

L_1 の最大については, 対数をとり $p_{1.}$ について微分し 0 とおくと

$$\frac{n_{11}+n_{12}}{p_{1.}} - \frac{n_{21}+n_{22}}{1-p_{1.}} = \frac{n_{1.}}{p_{1.}} - \frac{n_{2.}}{p_{2.}} = 0.$$

これから

$$\frac{n_{1.}}{p_{1.}} - \frac{n_{2.}}{p_{2.}} = \frac{p_{1.}+p_{2.}}{n} = \frac{1}{n}.$$

したがって L_1 を最大にする $p_{i.}$ は $\hat{p}_{1.} = n_{1.}/n$, $\hat{p}_{2.} = n_{2.}/n$.

同様にして L_2 を最大にする $p_{.j}$ は $\hat{p}_{.1} = n_{.1}/n$, $\hat{p}_{.2} = n_{.2}/n$.

ここで $n_{ij} = n \Pr(A_i \cap B_j) = np_{i.}p_{.j}$ なので, この推定値は次のように与えられる.

$$\hat{n}_{ij} = n\hat{p}_{i.}\hat{p}_{.j} = n\frac{n_{i.}}{n}\frac{n_{.j}}{n} = \frac{n_{i.}n_{.j}}{n}.$$

$\underline{\text{適合度検定の場合}}$

表 6-5 で各カテゴリの観測度数を $n_1, n_2, \cdots, n_k$ とすると尤度は

$$L = p_1^{n_1} p_2^{n_2} \cdots p_k^{n_k}.$$

L を最大にする p_1 を $p_1 + p_2 + \cdots + p_k = 1$ のもとで求めるため

$L = p_1^{n_1} p_2^{n_2} \cdots p_{k-1}^{n_{k-1}} (1 - p_1 - p_2 - \cdots - p_{k-1})^{n_k}$ の対数をとり，p_1 について微分し 0 とおくと

$$\frac{n_1}{p_1} - \frac{n_k}{1 - p_1 - p_2 - \cdots - p_{k-1}} = \frac{n_1}{p_1} - \frac{n_k}{p_k} = 0$$

$p_2, p_3, \ldots, p_{k-1}$ についても同様な手続きをとり

$$\frac{p_1}{n_1} = \frac{p_2}{n_2} = \cdots = \frac{p_k}{n_k} = \frac{1}{n}.$$

これから p_i の最尤推定量として

$$p_i = \frac{n_i}{n}, \quad (i = 1, 2, \ldots, k).$$

が得られる．

第 7 章

問 7.1 (1) 分布，密度関数のそれぞれを平行移動したもので，分布関数は $\Phi(x-\theta)$，密度関数は $\phi(x-\theta)$ と表される．このような θ を位置パラメータとよんでいる．
(2) $\Phi(x - \theta_1) = \int_{-\infty}^{x} \phi(x - \theta_1) dx = \int_{-\infty}^{t+\theta_1} \phi(t) dt$ と書ける．$\Phi(x - \theta_2)$ についても同様である．したがって

$$\Phi(x - \theta_2) - \Phi(x - \theta_1) = \int_{t+\theta_1}^{t+\theta_2} \phi(x) dx \geq 0.$$

すなわち，$\Phi(x - \theta_2) \geq \Phi(x - \theta_1)$ である．

問 7.2 一標本符号検定は分布関数 $F(x)$ の中央値 M について，帰無仮説 $H_0 : M = M_0$ を対立仮説 $H_1 : M \neq M_0$ に対して検定する．大きさ n の標本 $X_1, X_2, \ldots, X_n$ を得たとき $\Pr(X_i \geq M_0) = 1/2$ なので，変数 R_i を
$R_i = 1, \ (X_i - M_0 \geq 0)$ のとき，$R_i = 0, \ (X_i - M_0 < 0)$ のとき，とすれば R_i はベルヌーイ試行の列で，$R = R_1 + R_2 + \cdots + R_n$ とおけば $R \sim B(n, p)$，$p = \Pr(X \geq M_0) = 1/2$ である．

帰無仮説のもとで $R \sim B(n, 1/2)$ で，これは正規近似によって $R \sim N(n/2, n/4)$ となる．したがって

$$Z \sim \frac{R - n/2}{\sqrt{n/4}} \sim N(0,1)$$

となり，(7.2) 式の結果が得られる．

問 7.3 1 標本順位和検定では，$X_i - M_0$ の順位 R_i は確率 1/2 で，プラスまたはマイナスに振り分けられる．順位の和は $\sum_{i=1}^{n} i = n(n+1)/2$ なので，順位和の平均は $n(n+1)/4$ となる．

順位和検定では，帰無仮説 H_0 のもとで，$X_1, X_2, \ldots, X_m, Y_1, Y_2, \ldots, Y_n$ は同一の母集団からのランダムサンプルとなるので，それらの変数のとる順位 $1 \sim m+n$ の和は，その個数に応じて振り分けられ

$$E(R_1) = \frac{m}{m+n} \frac{(m+n)(m+n+1)}{2} = \frac{m(m+n+1)}{2}.$$

したがって

$$E(U_1) = mn + \frac{m(m+1)}{2} - E(R_1) = \frac{mn}{2}.$$

巻末問題 解答例

◇解答例の中で参考のために記した示した途中結果は，四捨五入をしている場合が多い．その数値を使って後の計算を行うと答えが合わないケースが出るので注意のこと．どの問題も最終結果は正しく計算され四捨五入などの後表示されている．

◇仮説検定の問題では紙面の都合で仮説等をキチンと示していない場合がある．

問 1 (1) 平均 77.1, 標準偏差 10.82 (2) 56.3 電卓を使った平均，分散，標準偏差などの計算では計算途中で有効桁を保持しないと結果にかなりの違いが生ずることがあり注意が必要．最終結果の表示には JIS による決まりもあるが，「平均はもとのデータより 1 桁多く，標準偏差は平均より 1 桁多く」を基本としておくとよい．

問2 結果と予想との間の順位相関係数は，解説者甲が 0.4286，乙が 0.8857．この結果からは乙のほうがうまく予想している．

問3 (1) 二項確率：$40/243 = 0.1646$ (2) 超幾何確率：$3800/23751 = 0.160$

問4 次の結果では (1)，(2) ともに乱数列の先頭（左上）から右に使っている．01 から 47 までの 2 桁の乱数を県番号に対応させて抽出した結果は次のようになる．復元抽出では同じ番号が複数回得られても，抽出対象になる．なお，乱数と県番号の対応は乱数 51～97 も県番号に対応させるとより効率的である．

(1) 非復元：34, 11, 45, 33, 28, 20, 35, 32, 13, 37

(2) 復元抽出：34, 11, 45, 33, 28, 33, 45, 20, 35, 32

問5 以下の 2 つの解答でも乱数列の先頭から使っている．一般にはいつも同じ乱数列を使わないようにする注意が必要である．

(1) 1 から 6 までの乱数をそのままサイコロの目の 1～6 に対応させる（乱数 7～9 と 0 は使わない）．なお，大量の実験では乱数と目の対応について，もう少し効率の良い対応が必要となる．

(2) 上の対応の場合，1～6 の個数は，[1]-9, [2]-10, [3]-14, [4]-13, [5]-7, [6]-7.

(3) 観測度数は (2) の結果で，期待度数はどの目についても 10．適合度検定の結果は $\chi^2 = 4.40$．自由度 5 で，$\chi_5(0.05) = 11.070$．したがって一様性の仮説は棄却されない．

問6 二項確率：(1) $280/2187 = 0.1280$ (2) $128/2187 = 0.0585$

問7 (1) 0.2907 (2) 1.945×10^{-5} (3) 7.793×10^{-5}

問8 (1) 95 (2) 47.5 (3) 5   問9 略

問10 (1) 0.8962 (2) 0.1240 (3) $N(0,1)$ で $x \leq -1.0$, 0.1587 (4) $N(0,1)$ で $-2.0 \leq x \leq -1$, 0.1359

問11 (1) $(x_0 - 65)/8 = 0.84 \Rightarrow 71.7$ (2) $(x_0 - 100)/5 = -1.28 \Rightarrow 93.6$ 正規分布で上側 20% 点，下側 10% 点は正規分布表から近い値を求めた．正確な値は，$0.8416, -1.2816$ である．

問12 (1) $z = (170 - 165.3)/6.7 = 0.701 \Rightarrow 0.241$ (2) $Z = X - Y \sim N(8.6, 8.54^2)$．求めるのはこの分布で $z \leq 0$ の部分．$\Rightarrow 0.1570$

問13 $X_1 \sim N(25, 7^2)$, $X_2 \sim N(25, 3^2)$, $X_3 \sim N(15, 5^2)$，で $Y = X_1 + X_2 + X_3$ とすると $Y \sim N(65, 9.11^2)$． (1) $z \geq (80 - $

$65)/9.11 = 1.646$, 0.0498 (2) $(x_0 - 65)/9.11 = 0.524$, 69.8 分.

問 14 (1) $z \geq (69.5 - 50)/5 = 3.9$, ほぼ 0 (2) $((x_0 - 0.5) - 50)/5 = 1.645 \Rightarrow 59$ 回

問 15 平均 150, 分散 125 の正規分布 $N(150, 11.18^2)$ で近似. 200 回以上はほぼ 0, 175 回以上は 1.4% くらい

問 16 正規分布 $N(500, 15.81^2)$ で近似. (1), (2) ともにほぼ 0
(3) 474 人から 526 人の間

問 17 (1) A と答えた人:$\hat{p} = 3846/6146 = 0.626$,
$\hat{p} \pm 1.96\sqrt{\hat{p}(1-\hat{p})/n} = 0.626 \pm 0.012 \Rightarrow (0.614, 0.638)$.
(2) 比率の差の検定と 2×2 分割表による検定は母集団の確率モデルの違いはあるが同様に扱える. 仮説の設定など両者の違いを理解して解答 (応用上の対処を) してほしい. ここでは, 2 つの方法を示しておく.

①比率の差の検定による場合. 男女の母集団比率を p_m, p_f とおき, 帰無仮説と対立仮説を $H_0 : p_m = p_f$, $H_1 : p_m < p_f$ とする. $\hat{p}_m = 1708/2635$, $\hat{p}_f = 2138/3064$, $\hat{p} = 3346/5699$. $z = -3.984$, 正規分布の片側 5% 点は -1.645, したがって, 仮説 H_0 は棄却される (女性のほうが高いとみてよい).

② 2×2 分割表による検定. 仮説は H_0:A, B の 2 つの選択と性別の間には関係が無い, H_1:関係がある, であって, カイ 2 乗の値は $\chi^2 = 15.873$ (この値は①の z の値の 2 乗になっている). 自由度 1 のカイ 2 乗分布の 5% 点は $\chi^2{}_1(0.05) = 3.841$. したがって, 仮説 H_0 は棄却され, 自由時間を増やしたい, 収入を増やしたいとの考え方には男女により違いがあるといえる (有意水準 5%).

問 18 $\bar{x} = 53.5$, $\bar{x} \pm 1.645\sigma/\sqrt{n} = 53.5 \pm 5.48 \Rightarrow (48.0, 59.0)$.

問 19 $n = 7$, 和 $= 350$, 平方和 $= 17676$, $\bar{x} = 50.0$, $s = 5.416$;自由度 6 の t の 5% 点は $t_6(0.05) = 2.447$. したがって 95% 信頼区間は $(45.0, 55.0)$.

問 20 $\pm 1.96\sqrt{p(1-p)/n} = \varepsilon$ の表. たとえば $p = 0.3$, $n = 2000$ のとき $\varepsilon = \pm 0.020$ ($\pm 2\%$).

問 21 (1) 帰無仮説と対立仮説を次のように設定. $H_0 : p = 0.6$, $H_1 : p > 0.6$. $\hat{p} = 110/180$, $z = 0.304$. 片側 5% 点は $z(0.10) = 1.645$. したがって仮説 H_0 は棄却されない.

(2) 仮に p の概数を 0.6 とし，信頼度を 95% とすると，$n = (1.96/0.04)^2 \times 0.6 \times 0.4 = 576$ (人)．$p = 0.5$ とすると，600 人．

問 22 仮説を $H_0 : p = 0.5$，$H_1 : p > 0.5$ とおく．$z = 3.464$．有意水準を 5% とすると，片側 5% 点は 1.645．仮説 H_0 は棄却される．

問 23 $n = 6$，$\bar{x} = 62.0$，$u^2 = 257.6$；仮説は $H_0 : \mu = 60$，$H_1 : \mu > 60$．$t = (\bar{x} - 60)/(u/\sqrt{n}) = 0.3052$．自由度 5 の t-分布の片側 5% 点は 2.015．したがって仮説 H_0 は棄却されない．

問 24 仮説を $H_0 : \mu = 0$，$H_1 : \mu \neq 0$ (両側) とおく．$n = 6$，$\bar{x} = -0.38$；$z = -0.931$．有意水準 5% の両側 5% 点は $z(0.05) = 1.96$．したがって仮説 H_0 は棄却されない．

問 25 フォワードとバックスの身長の母平均を M_1，M_2 とおき，$H_0 : M_1 = M_2$ に対し $H_1 : M_1 \neq M_2$ を検定する．ウェルチの検定によると，$\bar{x}_1 = 179.9$，$\bar{x}_2 = 172.7$，$u_1^2 = 16.48$，$u_2^2 = 19.87$，$u^2 = 5.66$，$t = 3.021$．自由度は $\nu = 10.3$．自由度が 10 と 11 の t-分布表を見て判定する．仮説は棄却される．

問 26 適合度検定．0-9 の各数字の度数は次のとおり．

数字	0	1	2	3	4	5	6	7	8	9	計
観測度数	5	6	12	8	11	13	12	16	7	10	100

(1) $\chi^2 = 10.8$，$\chi_9^2(0.05) = 16.919$．一様とみなしてよい．

(2) 偶数の割合を p とおくと，$H_0 : p = 0.5$，$H_1 : p \neq 0.5$．1 標本，比率の検定を適用する．表から偶数の数は 47．したがって $z = -0.6$．両側 5% 点は 1.96．同じ割合で出現しているという仮説は捨てられない（この問題は適合度検定で考えてもよい）．

(3) 連検定：偶数 $n = 47$，奇数 $m = 53$，連の数 $R = 48$；与えられた式から $E(R) = 50.82$，$V(R) = 24.568$，これから $z = (R - E(R))/\sqrt{V(R)} = (48 - 50.82)/4.957 = -0.569$．両側検定の 5% 点は 1.96．したがって，ランダム性の仮説は棄却されない（ランダムに出現しているとみなしてよい）．

問 27 記述した結果について (1) 適合度検定による，(2) 連検定による．

問 28 適合度検定．$\chi^2 = 3.018$，$\chi_3(0.05) = 7.815$．

問 29 (1) 0.7856．　(2) 順位の差の平方和は 14．したがって $r_s = 1 - 6 \times 14/(16^3 - 16) = 1 - 7/340 = 0.9794$．

(3) 差：年初 (X) − 年末 (Y) の符号から，プラスの数 $R = 12$, $n = 16$. 帰無仮説 H_0 : $X - Y$ の分布の中央値は 0, 対立仮説 H_1 は「差の分布の中央値は 0 とはいえない」. $z = (R - n/2)/\sqrt{n/4} = 2.0$. 両側 5% 点は 1.96. したがって仮説 H_0 は棄却される.

問 30 まず男女を一緒にして順位をつける. 以下の解答は大きいほうから順位をつけた結果である.

女性：$n = 11$, 順位和：$R_x = 126$（男性 $m = 15$, $R_y = 225$）, $U_x = 11 \times 15 + 11 \times 12/2 - 126 = 105$, U_x の平均 $= 82.5$, U_x の分散 $= 371.25$. $z = (105 - 82.5)/\sqrt{371.25} = 1.168$. 両側 5% 点は 1.96. 仮説は棄却されない.

問 31 (1) 符号検定 H_0：年平均との差の分布の中央値は 0, H_1：中央値はマイナス（例年より低い）. $n = 31$, マイナスの個数 $R = 22$（プラスの個数が 9）. $z = 2.335$. 有意水準を 1% とすると片側 1% 点は 2.33. したがって仮説は棄却される（例年より低かった）.

(2) 連検定 マイナスの個数 $n = 22$, プラスの個数 $m = 9$, 連の数 $R = 11$. 平均 $E(R) = 1 + 2 \times 22 \times 9/31 = 13.774$, 分散 $V(R) = 2 \times 22 \times 9 \times (2 \times 22 \times 9 - 31)/(31^2 \times 30) = 5.0135$. これから $z = (11 - 13.774)/\sqrt{5.0135} = -1.239$. 両側検定の 5% 点は 1.96. したがって, 仮説は棄却されず傾向はランダムであるとみてよい.

問 32 x-軸を等間隔とし, 年末, 年始を同時に示した一例. なお, 表の度数を 16 で割る.

株価	100	150	200	250	300	350	400
年初	0	2	2	4	5	8	8
年末	0	3	4	4	6	8	10

450	500	550	600	650	700	750	800-
11	11	12	13	13	14	14	16
10	11	12	12	12	13	13	16

問 33 問 25 での正規性が仮定できないとして, 順位和検定（正規近似）を適用した例をあげる. まず, フォワードとバックスを一緒にしたデータに大きさの順に 1〜13 の順位をつける. この結果, 順位和はフォワード $R_x = 65.5$, バックス $R_y = 25.5$. $n = 7$, $m = 6$ で

あって $U_x = 42 + 28 - 65.5 = 4.5$. 平均：$mn/2 = 21$，分散：$mn(m+n+1)/12 = 49$. 正規近似を使うとして，$z_x = (4.5 - 21)/\sqrt{49} = -2.3571$. 両側検定として $z(0.05) = 1.96$. したがって仮説は棄却される（正規近似の適用には m, n の値は小さいが，手法の進め方の例としてあげた）．

問 34 (1) 2000 年と 2005 年では 2005 年の出生率はすべて小さくなっている．$z = 6.856$. 2005 年と 2009 年ではタイが 9 つあり，$n = 38$，2009 年が大きいのが $R = 17$. z=-0.649，差は見られない． (2) 略 (3) 2000 年と 2005 年の経験分布の最大の差は 0.723，2005 年と 2009 年の経験分布の最大の差は 0.128. 前者には差が見られるが，後者には差が見られない（有意水準 5%，両側検定）．

付表 1

標準正規分布表

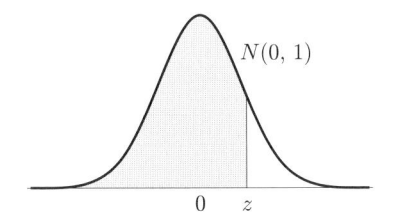

$N(0, 1)$

z	0.00	0.01	0.02	0.03	0.04	0.05	0.06	0.07	0.08	0.09
0.0	0.5000	0.5040	0.5080	0.5120	0.5160	0.5199	0.5239	0.5279	0.5319	0.5359
0.1	0.5398	0.5438	0.5478	0.5517	0.5557	0.5596	0.5636	0.5675	0.5714	0.5753
0.2	0.5793	0.5832	0.5871	0.5910	0.5948	0.5987	0.6026	0.6064	0.6103	0.6141
0.3	0.6179	0.6217	0.6255	0.6293	0.6331	0.6368	0.6406	0.6443	0.6480	0.6517
0.4	0.6554	0.6591	0.6628	0.6664	0.6700	0.6736	0.6772	0.6808	0.6844	0.6879
0.5	0.6915	0.6950	0.6985	0.7019	0.7054	0.7088	0.7123	0.7157	0.7190	0.7224
0.6	0.7257	0.7291	0.7324	0.7357	0.7389	0.7422	0.7454	0.7486	0.7517	0.7549
0.7	0.7580	0.7611	0.7642	0.7673	0.7704	0.7734	0.7764	0.7794	0.7823	0.7852
0.8	0.7881	0.7910	0.7939	0.7967	0.7995	0.8023	0.8051	0.8078	0.8106	0.8133
0.9	0.8159	0.8186	0.8212	0.8238	0.8264	0.8289	0.8315	0.8340	0.8365	0.8389
1.0	0.8413	0.8438	0.8461	0.8485	0.8508	0.8531	0.8554	0.8577	0.8599	0.8621
1.1	0.8643	0.8665	0.8686	0.8708	0.8729	0.8749	0.8770	0.8790	0.8810	0.8830
1.2	0.8849	0.8869	0.8888	0.8907	0.8925	0.8944	0.8962	0.8980	0.8997	0.9015
1.3	0.9032	0.9049	0.9066	0.9082	0.9099	0.9115	0.9131	0.9147	0.9162	0.9177
1.4	0.9192	0.9207	0.9222	0.9236	0.9251	0.9265	0.9279	0.9292	0.9306	0.9319
1.5	0.9332	0.9345	0.9357	0.9370	0.9382	0.9394	0.9406	0.9418	0.9429	0.9441
1.6	0.9452	0.9463	0.9474	0.9484	0.9495	0.9505	0.9515	0.9525	0.9535	0.9545
1.7	0.9554	0.9564	0.9573	0.9582	0.9591	0.9599	0.9608	0.9616	0.9625	0.9633
1.8	0.9641	0.9649	0.9656	0.9664	0.9671	0.9678	0.9686	0.9693	0.9699	0.9706
1.9	0.9713	0.9719	0.9726	0.9732	0.9738	0.9744	0.9750	0.9756	0.9761	0.9767
2.0	0.9772	0.9778	0.9783	0.9788	0.9793	0.9798	0.9803	0.9808	0.9812	0.9817
2.1	0.9821	0.9826	0.9830	0.9834	0.9838	0.9842	0.9846	0.9850	0.9854	0.9857
2.2	0.9861	0.9864	0.9868	0.9871	0.9875	0.9878	0.9881	0.9884	0.9887	0.9890
2.3	0.9893	0.9896	0.9898	0.9901	0.9904	0.9906	0.9909	0.9911	0.9913	0.9916
2.4	0.9918	0.9920	0.9922	0.9925	0.9927	0.9929	0.9931	0.9932	0.9934	0.9936
2.5	0.9938	0.9940	0.9941	0.9943	0.9945	0.9946	0.9948	0.9949	0.9951	0.9952
2.6	0.9953	0.9955	0.9956	0.9957	0.9959	0.9960	0.9961	0.9962	0.9963	0.9964
2.7	0.9965	0.9966	0.9967	0.9968	0.9969	0.9970	0.9971	0.9972	0.9973	0.9974
2.8	0.9974	0.9975	0.9976	0.9977	0.9977	0.9978	0.9979	0.9979	0.9980	0.9981
2.9	0.9981	0.9982	0.9982	0.9983	0.9984	0.9984	0.9985	0.9985	0.9986	0.9986
3.0	0.9987	0.9987	0.9987	0.9988	0.9988	0.9989	0.9989	0.9989	0.9990	0.9990
3.1	0.9990	0.9991	0.9991	0.9991	0.9992	0.9992	0.9992	0.9992	0.9993	0.9993
3.2	0.9993	0.9993	0.9994	0.9994	0.9994	0.9994	0.9994	0.9995	0.9995	0.9995
3.3	0.9995	0.9995	0.9995	0.9996	0.9996	0.9996	0.9996	0.9996	0.9996	0.9997
3.4	0.9997	0.9997	0.9997	0.9997	0.9997	0.9997	0.9997	0.9997	0.9997	0.9998
3.5	0.9998	0.9998	0.9998	0.9998	0.9998	0.9998	0.9998	0.9998	0.9998	0.9998

付表2
t-分布表

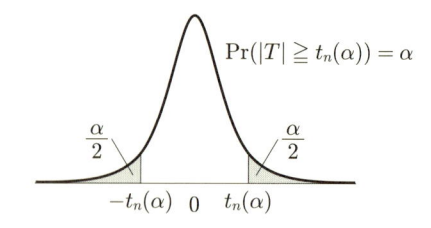

$$\Pr(|T| \geq t_n(\alpha)) = \alpha$$

自由度 \ α	0.50	0.40	0.30	0.20	0.10	0.050	0.025	0.020	0.010	0.005
1	1.000	1.376	1.963	3.078	6.314	12.706	25.452	31.821	63.657	127.321
2	0.816	1.061	1.386	1.886	2.920	4.303	6.205	6.965	9.925	14.089
3	0.765	0.978	1.250	1.638	2.353	3.182	4.177	4.541	5.841	7.453
4	0.741	0.941	1.190	1.533	2.132	2.776	3.495	3.747	4.604	5.598
5	0.727	0.920	1.156	1.476	2.015	2.571	3.163	3.365	4.032	4.773
6	0.718	0.906	1.134	1.440	1.943	2.447	2.969	3.143	3.707	4.317
7	0.711	0.896	1.119	1.415	1.895	2.365	2.841	2.998	3.499	4.029
8	0.706	0.889	1.108	1.397	1.860	2.306	2.752	2.896	3.355	3.833
9	0.703	0.883	1.100	1.383	1.833	2.262	2.685	2.821	3.250	3.690
10	0.700	0.879	1.093	1.372	1.812	2.228	2.634	2.764	3.169	3.581
11	0.697	0.876	1.088	1.363	1.796	2.201	2.593	2.718	3.106	3.497
12	0.695	0.873	1.083	1.356	1.782	2.179	2.560	2.681	3.055	3.428
13	0.694	0.870	1.079	1.350	1.771	2.160	2.533	2.650	3.012	3.372
14	0.692	0.868	1.076	1.345	1.761	2.145	2.510	2.624	2.977	3.326
15	0.691	0.866	1.074	1.341	1.753	2.131	2.490	2.602	2.947	3.286
16	0.690	0.865	1.071	1.337	1.746	2.120	2.473	2.583	2.921	3.252
17	0.689	0.863	1.069	1.333	1.740	2.110	2.458	2.567	2.898	3.222
18	0.688	0.862	1.067	1.330	1.734	2.101	2.445	2.552	2.878	3.197
19	0.688	0.861	1.066	1.328	1.729	2.093	2.433	2.539	2.861	3.174
20	0.687	0.860	1.064	1.325	1.725	2.086	2.423	2.528	2.845	3.153
21	0.686	0.859	1.063	1.323	1.721	2.080	2.414	2.518	2.831	3.135
22	0.686	0.858	1.061	1.321	1.717	2.074	2.405	2.508	2.819	3.119
23	0.685	0.858	1.060	1.319	1.714	2.069	2.398	2.500	2.807	3.104
24	0.685	0.857	1.059	1.318	1.711	2.064	2.391	2.492	2.797	3.091
25	0.684	0.856	1.058	1.316	1.708	2.060	2.385	2.485	2.787	3.078
26	0.684	0.856	1.058	1.315	1.706	2.056	2.379	2.479	2.779	3.067
27	0.684	0.855	1.057	1.314	1.703	2.052	2.373	2.473	2.771	3.057
28	0.683	0.855	1.056	1.313	1.701	2.048	2.368	2.467	2.763	3.047
29	0.683	0.854	1.055	1.311	1.699	2.045	2.364	2.462	2.756	3.038
30	0.683	0.854	1.055	1.310	1.697	2.042	2.360	2.457	2.750	3.030
40	0.681	0.851	1.050	1.303	1.684	2.021	2.329	2.423	2.704	2.971
50	0.679	0.849	1.047	1.299	1.676	2.009	2.311	2.403	2.678	2.937
60	0.679	0.848	1.045	1.296	1.671	2.000	2.299	2.390	2.660	2.915
70	0.678	0.847	1.044	1.294	1.667	1.994	2.291	2.381	2.648	2.899
80	0.678	0.846	1.043	1.292	1.664	1.990	2.284	2.374	2.639	2.887
90	0.677	0.846	1.042	1.291	1.662	1.987	2.280	2.368	2.632	2.878
100	0.677	0.845	1.042	1.290	1.660	1.984	2.276	2.364	2.626	2.871
∞	0.674	0.842	1.036	1.282	1.645	1.960	2.241	2.326	2.576	2.807

付表3

χ^2-分布表

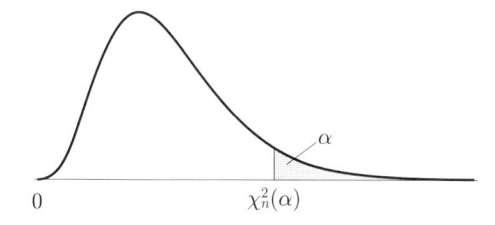

自由度 α	0.990	0.975	0.950	0.900	0.500	0.100	0.050	0.025	0.010
1	0.000	0.001	0.004	0.016	0.455	2.706	3.841	5.024	6.635
2	0.020	0.051	0.103	0.211	1.386	4.605	5.991	7.378	9.210
3	0.115	0.216	0.352	0.584	2.366	6.251	7.815	9.348	11.345
4	0.297	0.484	0.711	1.064	3.357	7.779	9.488	11.143	13.277
5	0.554	0.831	1.145	1.610	4.351	9.236	11.070	12.833	15.086
6	0.872	1.237	1.635	2.204	5.348	10.645	12.592	14.449	16.812
7	1.239	1.690	2.167	2.833	6.346	12.017	14.067	16.013	18.475
8	1.646	2.180	2.733	3.490	7.344	13.362	15.507	17.535	20.090
9	2.088	2.700	3.325	4.168	8.343	14.684	16.919	19.023	21.666
10	2.558	3.247	3.940	4.865	9.342	15.987	18.307	20.483	23.209
11	3.053	3.816	4.575	5.578	10.341	17.275	19.675	21.920	24.725
12	3.571	4.404	5.226	6.304	11.340	18.549	21.026	23.337	26.217
13	4.107	5.009	5.892	7.042	12.340	19.812	22.362	24.736	27.688
14	4.660	5.629	6.571	7.790	13.339	21.064	23.685	26.119	29.141
15	5.229	6.262	7.261	8.547	14.339	22.307	24.996	27.488	30.578
16	5.812	6.908	7.962	9.312	15.338	23.542	26.296	28.845	32.000
17	6.408	7.564	8.672	10.085	16.338	24.769	27.587	30.191	33.409
18	7.015	8.231	9.390	10.865	17.338	25.989	28.869	31.526	34.805
19	7.633	8.907	10.117	11.651	18.338	27.204	30.144	32.852	36.191
20	8.260	9.591	10.851	12.443	19.337	28.412	31.410	34.170	37.566
21	8.897	10.283	11.591	13.240	20.337	29.615	32.671	35.479	38.932
22	9.542	10.982	12.338	14.041	21.337	30.813	33.924	36.781	40.289
23	10.196	11.689	13.091	14.848	22.337	32.007	35.172	38.076	41.638
24	10.856	12.401	13.848	15.659	23.337	33.196	36.415	39.364	42.980
25	11.524	13.120	14.611	16.473	24.337	34.382	37.652	40.646	44.314
26	12.198	13.844	15.379	17.292	25.336	35.563	38.885	41.923	45.642
27	12.879	14.573	16.151	18.114	26.336	36.741	40.113	43.195	46.963
28	13.565	15.308	16.928	18.939	27.336	37.916	41.337	44.461	48.278
29	14.256	16.047	17.708	19.768	28.336	39.087	42.557	45.722	49.588
30	14.953	16.791	18.493	20.599	29.336	40.256	43.773	46.979	50.892
40	22.164	24.433	26.509	29.051	39.335	51.805	55.758	59.342	63.691
50	29.707	32.357	34.764	37.689	49.335	63.167	67.505	71.420	76.154
60	37.485	40.482	43.188	46.459	59.335	74.397	79.082	83.298	88.379
70	45.442	48.758	51.739	55.329	69.334	85.527	90.531	95.023	100.425
80	53.540	57.153	60.391	64.278	79.334	96.578	101.879	106.629	112.329
90	61.754	65.647	69.126	73.291	89.334	107.565	113.145	118.136	124.116
100	70.065	74.222	77.929	82.358	99.334	118.498	124.342	129.561	135.807
200	156.432	162.728	168.279	174.835	199.334	226.021	233.994	241.058	249.445
300	245.972	253.912	260.878	269.068	299.334	331.789	341.395	349.874	359.906

付表4

F-分布表（5%）

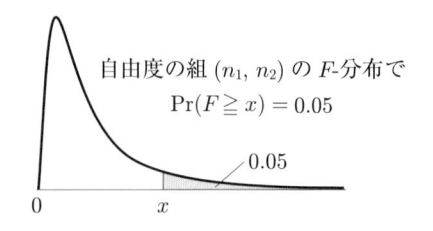

自由度の組 (n_1, n_2) の F-分布で $\Pr(F \geqq x) = 0.05$

$n_2 \backslash n_1$	1	2	3	4	5	6	7	8	9	10	11	12	13
1	161.4	199.5	215.7	224.6	230.2	234.0	236.8	238.9	240.5	241.9	243.0	243.9	244.7
2	18.51	19.00	19.16	19.25	19.30	19.33	19.35	19.37	19.38	19.40	19.40	19.41	19.42
3	10.13	9.55	9.28	9.12	9.01	8.94	8.89	8.85	8.81	8.79	8.76	8.74	8.73
4	7.71	6.94	6.59	6.39	6.26	6.16	6.09	6.04	6.00	5.96	5.94	5.91	5.89
5	6.61	5.79	5.41	5.19	5.05	4.95	4.88	4.82	4.77	4.74	4.70	4.68	4.66
6	5.99	5.14	4.76	4.53	4.39	4.28	4.21	4.15	4.10	4.06	4.03	4.00	3.98
7	5.59	4.74	4.35	4.12	3.97	3.87	3.79	3.73	3.68	3.64	3.60	3.57	3.55
8	5.32	4.46	4.07	3.84	3.69	3.58	3.50	3.44	3.39	3.35	3.31	3.28	3.26
9	5.12	4.26	3.86	3.63	3.48	3.37	3.29	3.23	3.18	3.14	3.10	3.07	3.05
10	4.96	4.10	3.71	3.48	3.33	3.22	3.14	3.07	3.02	2.98	2.94	2.91	2.89
11	4.84	3.98	3.59	3.36	3.20	3.09	3.01	2.95	2.90	2.85	2.82	2.79	2.76
12	4.75	3.89	3.49	3.26	3.11	3.00	2.91	2.85	2.80	2.75	2.72	2.69	2.66
13	4.67	3.81	3.41	3.18	3.03	2.92	2.83	2.77	2.71	2.67	2.63	2.60	2.58
14	4.60	3.74	3.34	3.11	2.96	2.85	2.76	2.70	2.65	2.60	2.57	2.53	2.51
15	4.54	3.68	3.29	3.06	2.90	2.79	2.71	2.64	2.59	2.54	2.51	2.48	2.45
16	4.49	3.63	3.24	3.01	2.85	2.74	2.66	2.59	2.54	2.49	2.46	2.42	2.40
17	4.45	3.59	3.20	2.96	2.81	2.70	2.61	2.55	2.49	2.45	2.41	2.38	2.35
18	4.41	3.55	3.16	2.93	2.77	2.66	2.58	2.51	2.46	2.41	2.37	2.34	2.31
19	4.38	3.52	3.13	2.90	2.74	2.63	2.54	2.48	2.42	2.38	2.34	2.31	2.28
20	4.35	3.49	3.10	2.87	2.71	2.60	2.51	2.45	2.39	2.35	2.31	2.28	2.25
21	4.32	3.47	3.07	2.84	2.68	2.57	2.49	2.42	2.37	2.32	2.28	2.25	2.22
22	4.30	3.44	3.05	2.82	2.66	2.55	2.46	2.40	2.34	2.30	2.26	2.23	2.20
23	4.28	3.42	3.03	2.80	2.64	2.53	2.44	2.37	2.32	2.27	2.24	2.20	2.18
24	4.26	3.40	3.01	2.78	2.62	2.51	2.42	2.36	2.30	2.25	2.22	2.18	2.15
25	4.24	3.39	2.99	2.76	2.60	2.49	2.40	2.34	2.28	2.24	2.20	2.16	2.14
26	4.23	3.37	2.98	2.74	2.59	2.47	2.39	2.32	2.27	2.22	2.18	2.15	2.12
27	4.21	3.35	2.96	2.73	2.57	2.46	2.37	2.31	2.25	2.20	2.17	2.13	2.10
28	4.20	3.34	2.95	2.71	2.56	2.45	2.36	2.29	2.24	2.19	2.15	2.12	2.09
29	4.18	3.33	2.93	2.70	2.55	2.43	2.35	2.28	2.22	2.18	2.14	2.10	2.08
30	4.17	3.32	2.92	2.69	2.53	2.42	2.33	2.27	2.21	2.16	2.13	2.09	2.06
40	4.08	3.23	2.84	2.61	2.45	2.34	2.25	2.18	2.12	2.08	2.04	2.00	1.97
50	4.03	3.18	2.79	2.56	2.40	2.29	2.20	2.13	2.07	2.03	1.99	1.95	1.92
60	4.00	3.15	2.76	2.53	2.37	2.25	2.17	2.10	2.04	1.99	1.95	1.92	1.89
70	3.98	3.13	2.74	2.50	2.35	2.23	2.14	2.07	2.02	1.97	1.93	1.89	1.86
80	3.96	3.11	2.72	2.49	2.33	2.21	2.13	2.06	2.00	1.95	1.91	1.88	1.84
90	3.95	3.10	2.71	2.47	2.32	2.20	2.11	2.04	1.99	1.94	1.90	1.86	1.83
100	3.94	3.09	2.70	2.46	2.31	2.19	2.10	2.03	1.97	1.93	1.89	1.85	1.82

	14	15	16	17	18	19	20	21	22	23	24	25
1	245.4	245.9	246.5	246.9	247.3	247.7	248.0	248.3	248.6	248.8	249.1	249.3
2	19.42	19.43	19.43	19.44	19.44	19.44	19.45	19.45	19.45	19.45	19.45	19.46
3	8.71	8.70	8.69	8.68	8.67	8.67	8.66	8.65	8.65	8.64	8.64	8.63
4	5.87	5.86	5.84	5.83	5.82	5.81	5.80	5.79	5.79	5.78	5.77	5.77
5	4.64	4.62	4.60	4.59	4.58	4.57	4.56	4.55	4.54	4.53	4.53	4.52
6	3.96	3.94	3.92	3.91	3.90	3.88	3.87	3.86	3.86	3.85	3.84	3.83
7	3.53	3.51	3.49	3.48	3.47	3.46	3.44	3.43	3.43	3.42	3.41	3.40
8	3.24	3.22	3.20	3.19	3.17	3.16	3.15	3.14	3.13	3.12	3.12	3.11
9	3.03	3.01	2.99	2.97	2.96	2.95	2.94	2.93	2.92	2.91	2.90	2.89
10	2.86	2.85	2.83	2.81	2.80	2.79	2.77	2.76	2.75	2.75	2.74	2.73
11	2.74	2.72	2.70	2.69	2.67	2.66	2.65	2.64	2.63	2.62	2.61	2.60
12	2.64	2.62	2.60	2.58	2.57	2.56	2.54	2.53	2.52	2.51	2.51	2.50
13	2.55	2.53	2.51	2.50	2.48	2.47	2.46	2.45	2.44	2.43	2.42	2.41
14	2.48	2.46	2.44	2.43	2.41	2.40	2.39	2.38	2.37	2.36	2.35	2.34
15	2.42	2.40	2.38	2.37	2.35	2.34	2.33	2.32	2.31	2.30	2.29	2.28
16	2.37	2.35	2.33	2.32	2.30	2.29	2.28	2.26	2.25	2.24	2.24	2.23
17	2.33	2.31	2.29	2.27	2.26	2.24	2.23	2.22	2.21	2.20	2.19	2.18
18	2.29	2.27	2.25	2.23	2.22	2.20	2.19	2.18	2.17	2.16	2.15	2.14
19	2.26	2.23	2.21	2.20	2.18	2.17	2.16	2.14	2.13	2.12	2.11	2.11
20	2.22	2.20	2.18	2.17	2.15	2.14	2.12	2.11	2.10	2.09	2.08	2.07
21	2.20	2.18	2.16	2.14	2.12	2.11	2.10	2.08	2.07	2.06	2.05	2.05
22	2.17	2.15	2.13	2.11	2.10	2.08	2.07	2.06	2.05	2.04	2.03	2.02
23	2.15	2.13	2.11	2.09	2.08	2.06	2.05	2.04	2.02	2.01	2.01	2.00
24	2.13	2.11	2.09	2.07	2.05	2.04	2.03	2.01	2.00	1.99	1.98	1.97
25	2.11	2.09	2.07	2.05	2.04	2.02	2.01	2.00	1.98	1.97	1.96	1.96
26	2.09	2.07	2.05	2.03	2.02	2.00	1.99	1.98	1.97	1.96	1.95	1.94
27	2.08	2.06	2.04	2.02	2.00	1.99	1.97	1.96	1.95	1.94	1.93	1.92
28	2.06	2.04	2.02	2.00	1.99	1.97	1.96	1.95	1.93	1.92	1.91	1.91
29	2.05	2.03	2.01	1.99	1.97	1.96	1.94	1.93	1.92	1.91	1.90	1.89
30	2.04	2.01	1.99	1.98	1.96	1.95	1.93	1.92	1.91	1.90	1.89	1.88
40	1.95	1.92	1.90	1.89	1.87	1.85	1.84	1.83	1.81	1.80	1.79	1.78
50	1.89	1.87	1.85	1.83	1.81	1.80	1.78	1.77	1.76	1.75	1.74	1.73
60	1.86	1.84	1.82	1.80	1.78	1.76	1.75	1.73	1.72	1.71	1.70	1.69
70	1.84	1.81	1.79	1.77	1.75	1.74	1.72	1.71	1.70	1.68	1.67	1.66
80	1.82	1.79	1.77	1.75	1.73	1.72	1.70	1.69	1.68	1.67	1.65	1.64
90	1.80	1.78	1.76	1.74	1.72	1.70	1.69	1.67	1.66	1.65	1.64	1.63
100	1.79	1.77	1.75	1.73	1.71	1.69	1.68	1.66	1.65	1.64	1.63	1.62

	26	27	28	29	30	40	50	60	70	80	90	100
1	249.5	249.6	249.8	250.0	250.1	251.1	251.8	252.2	252.5	252.7	252.9	253.0
2	19.46	19.46	19.46	19.46	19.46	19.47	19.48	19.48	19.48	19.48	19.48	19.49
3	8.63	8.63	8.62	8.62	8.62	8.59	8.58	8.57	8.57	8.56	8.56	8.55
4	5.76	5.76	5.75	5.75	5.75	5.72	5.70	5.69	5.68	5.67	5.67	5.66
5	4.52	4.51	4.50	4.50	4.50	4.46	4.44	4.43	4.42	4.41	4.41	4.41
6	3.83	3.82	3.82	3.81	3.81	3.77	3.75	3.74	3.73	3.72	3.72	3.71
7	3.40	3.39	3.39	3.38	3.38	3.34	3.32	3.30	3.29	3.29	3.28	3.27
8	3.10	3.10	3.09	3.08	3.08	3.04	3.02	3.01	2.99	2.99	2.98	2.97
9	2.89	2.88	2.87	2.87	2.86	2.83	2.80	2.79	2.78	2.77	2.76	2.76
10	2.72	2.72	2.71	2.70	2.70	2.66	2.64	2.62	2.61	2.60	2.59	2.59
11	2.59	2.59	2.58	2.58	2.57	2.53	2.51	2.49	2.48	2.47	2.46	2.46
12	2.49	2.48	2.48	2.47	2.47	2.43	2.40	2.38	2.37	2.36	2.36	2.35
13	2.41	2.40	2.39	2.39	2.38	2.34	2.31	2.30	2.28	2.27	2.27	2.26
14	2.33	2.33	2.32	2.31	2.31	2.27	2.24	2.22	2.21	2.20	2.19	2.19
15	2.27	2.27	2.26	2.25	2.25	2.20	2.18	2.16	2.15	2.14	2.13	2.12
16	2.22	2.21	2.21	2.20	2.19	2.15	2.12	2.11	2.09	2.08	2.07	2.07
17	2.17	2.17	2.16	2.15	2.15	2.10	2.08	2.06	2.05	2.03	2.03	2.02
18	2.13	2.13	2.12	2.11	2.11	2.06	2.04	2.02	2.00	1.99	1.98	1.98
19	2.10	2.09	2.08	2.08	2.07	2.03	2.00	1.98	1.97	1.96	1.95	1.94
20	2.07	2.06	2.05	2.05	2.04	1.99	1.97	1.95	1.93	1.92	1.91	1.91
21	2.04	2.03	2.02	2.02	2.01	1.96	1.94	1.92	1.90	1.89	1.88	1.88
22	2.01	2.00	2.00	1.99	1.98	1.94	1.91	1.89	1.88	1.86	1.86	1.85
23	1.99	1.98	1.97	1.97	1.96	1.91	1.88	1.86	1.85	1.84	1.83	1.82
24	1.97	1.96	1.95	1.95	1.94	1.89	1.86	1.84	1.83	1.82	1.81	1.80
25	1.95	1.94	1.93	1.93	1.92	1.87	1.84	1.82	1.81	1.80	1.79	1.78
26	1.93	1.92	1.91	1.91	1.90	1.85	1.82	1.80	1.79	1.78	1.77	1.76
27	1.91	1.90	1.90	1.89	1.88	1.84	1.81	1.79	1.77	1.76	1.75	1.74
28	1.90	1.89	1.88	1.88	1.87	1.82	1.79	1.77	1.75	1.74	1.73	1.73
29	1.88	1.88	1.87	1.86	1.85	1.81	1.77	1.75	1.74	1.73	1.72	1.71
30	1.87	1.86	1.85	1.85	1.84	1.79	1.76	1.74	1.72	1.71	1.70	1.70
40	1.77	1.77	1.76	1.75	1.74	1.69	1.66	1.64	1.62	1.61	1.60	1.59
50	1.72	1.71	1.70	1.69	1.69	1.63	1.60	1.58	1.56	1.54	1.53	1.52
60	1.68	1.67	1.66	1.66	1.65	1.59	1.56	1.53	1.52	1.50	1.49	1.48
70	1.65	1.65	1.64	1.63	1.62	1.57	1.53	1.50	1.49	1.47	1.46	1.45
80	1.63	1.63	1.62	1.61	1.60	1.54	1.51	1.48	1.46	1.45	1.44	1.43
90	1.62	1.61	1.60	1.59	1.59	1.53	1.49	1.46	1.44	1.43	1.42	1.41
100	1.61	1.60	1.59	1.58	1.57	1.52	1.48	1.45	1.43	1.41	1.40	1.39

付表5

F-分布表（1%）

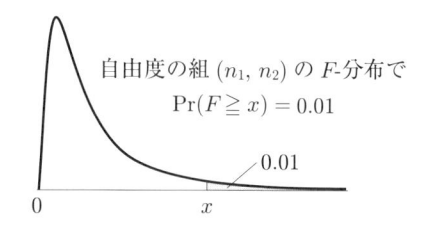

自由度の組 (n_1, n_2) の F-分布で
$\Pr(F \geq x) = 0.01$

n_2 \ n_1	1	2	3	4	5	6	7	8	9	10	11	12	13
1	4052	5000	5403	5625	5764	5859	5928	5981	6022	6056	6083	6106	6126
2	98.50	99.00	99.17	99.25	99.30	99.33	99.36	99.37	99.39	99.40	99.41	99.42	99.42
3	34.12	30.82	29.46	28.71	28.24	27.91	27.67	27.49	27.35	27.23	27.13	27.05	26.98
4	21.20	18.00	16.69	15.98	15.52	15.21	14.98	14.80	14.66	14.55	14.45	14.37	14.31
5	16.26	13.27	12.06	11.39	10.97	10.67	10.46	10.29	10.16	10.05	9.96	9.89	9.82
6	13.75	10.92	9.78	9.15	8.75	8.47	8.26	8.10	7.98	7.87	7.79	7.72	7.66
7	12.25	9.55	8.45	7.85	7.46	7.19	6.99	6.84	6.72	6.62	6.54	6.47	6.41
8	11.26	8.65	7.59	7.01	6.63	6.37	6.18	6.03	5.91	5.81	5.73	5.67	5.61
9	10.56	8.02	6.99	6.42	6.06	5.80	5.61	5.47	5.35	5.26	5.18	5.11	5.05
10	10.04	7.56	6.55	5.99	5.64	5.39	5.20	5.06	4.94	4.85	4.77	4.71	4.65
11	9.65	7.21	6.22	5.67	5.32	5.07	4.89	4.74	4.63	4.54	4.46	4.40	4.34
12	9.33	6.93	5.95	5.41	5.06	4.82	4.64	4.50	4.39	4.30	4.22	4.16	4.10
13	9.07	6.70	5.74	5.21	4.86	4.62	4.44	4.30	4.19	4.10	4.02	3.96	3.91
14	8.86	6.51	5.56	5.04	4.69	4.46	4.28	4.14	4.03	3.94	3.86	3.80	3.75
15	8.68	6.36	5.42	4.89	4.56	4.32	4.14	4.00	3.89	3.80	3.73	3.67	3.61
16	8.53	6.23	5.29	4.77	4.44	4.20	4.03	3.89	3.78	3.69	3.62	3.55	3.50
17	8.40	6.11	5.18	4.67	4.34	4.10	3.93	3.79	3.68	3.59	3.52	3.46	3.40
18	8.29	6.01	5.09	4.58	4.25	4.01	3.84	3.71	3.60	3.51	3.43	3.37	3.32
19	8.18	5.93	5.01	4.50	4.17	3.94	3.77	3.63	3.52	3.43	3.36	3.30	3.24
20	8.10	5.85	4.94	4.43	4.10	3.87	3.70	3.56	3.46	3.37	3.29	3.23	3.18
21	8.02	5.78	4.87	4.37	4.04	3.81	3.64	3.51	3.40	3.31	3.24	3.17	3.12
22	7.95	5.72	4.82	4.31	3.99	3.76	3.59	3.45	3.35	3.26	3.18	3.12	3.07
23	7.88	5.66	4.76	4.26	3.94	3.71	3.54	3.41	3.30	3.21	3.14	3.07	3.02
24	7.82	5.61	4.72	4.22	3.90	3.67	3.50	3.36	3.26	3.17	3.09	3.03	2.98
25	7.77	5.57	4.68	4.18	3.85	3.63	3.46	3.32	3.22	3.13	3.06	2.99	2.94
26	7.72	5.53	4.64	4.14	3.82	3.59	3.42	3.29	3.18	3.09	3.02	2.96	2.90
27	7.68	5.49	4.60	4.11	3.78	3.56	3.39	3.26	3.15	3.06	2.99	2.93	2.87
28	7.64	5.45	4.57	4.07	3.75	3.53	3.36	3.23	3.12	3.03	2.96	2.90	2.84
29	7.60	5.42	4.54	4.04	3.73	3.50	3.33	3.20	3.09	3.00	2.93	2.87	2.81
30	7.56	5.39	4.51	4.02	3.70	3.47	3.30	3.17	3.07	2.98	2.91	2.84	2.79
40	7.31	5.18	4.31	3.83	3.51	3.29	3.12	2.99	2.89	2.80	2.73	2.66	2.61
50	7.17	5.06	4.20	3.72	3.41	3.19	3.02	2.89	2.78	2.70	2.63	2.56	2.51
60	7.08	4.98	4.13	3.65	3.34	3.12	2.95	2.82	2.72	2.63	2.56	2.50	2.44
70	7.01	4.92	4.07	3.60	3.29	3.07	2.91	2.78	2.67	2.59	2.51	2.45	2.40
80	6.96	4.88	4.04	3.56	3.26	3.04	2.87	2.74	2.64	2.55	2.48	2.42	2.36
90	6.93	4.85	4.01	3.53	3.23	3.01	2.84	2.72	2.61	2.52	2.45	2.39	2.33
100	6.90	4.82	3.98	3.51	3.21	2.99	2.82	2.69	2.59	2.50	2.43	2.37	2.31

	14	15	16	17	18	19	20	21	22	23	24	25
1	6143	6157	6170	6181	6192	6201	6209	6216	6223	6229	6235	6240
2	99.43	99.43	99.44	99.44	99.44	99.45	99.45	99.45	99.45	99.46	99.46	99.46
3	26.92	26.87	26.83	26.79	26.75	26.72	26.69	26.66	26.64	26.62	26.60	26.58
4	14.25	14.20	14.15	14.11	14.08	14.05	14.02	13.99	13.97	13.95	13.93	13.91
5	9.77	9.72	9.68	9.64	9.61	9.58	9.55	9.53	9.51	9.49	9.47	9.45
6	7.60	7.56	7.52	7.48	7.45	7.42	7.40	7.37	7.35	7.33	7.31	7.30
7	6.36	6.31	6.28	6.24	6.21	6.18	6.16	6.13	6.11	6.09	6.07	6.06
8	5.56	5.52	5.48	5.44	5.41	5.38	5.36	5.34	5.32	5.30	5.28	5.26
9	5.01	4.96	4.92	4.89	4.86	4.83	4.81	4.79	4.77	4.75	4.73	4.71
10	4.60	4.56	4.52	4.49	4.46	4.43	4.41	4.38	4.36	4.34	4.33	4.31
11	4.29	4.25	4.21	4.18	4.15	4.12	4.10	4.08	4.06	4.04	4.02	4.01
12	4.05	4.01	3.97	3.94	3.91	3.88	3.86	3.84	3.82	3.80	3.78	3.76
13	3.86	3.82	3.78	3.75	3.72	3.69	3.66	3.64	3.62	3.60	3.59	3.57
14	3.70	3.66	3.62	3.59	3.56	3.53	3.51	3.48	3.46	3.44	3.43	3.41
15	3.56	3.52	3.49	3.45	3.42	3.40	3.37	3.35	3.33	3.31	3.29	3.28
16	3.45	3.41	3.37	3.34	3.31	3.28	3.26	3.24	3.22	3.20	3.18	3.16
17	3.35	3.31	3.27	3.24	3.21	3.19	3.16	3.14	3.12	3.10	3.08	3.07
18	3.27	3.23	3.19	3.16	3.13	3.10	3.08	3.05	3.03	3.02	3.00	2.98
19	3.19	3.15	3.12	3.08	3.05	3.03	3.00	2.98	2.96	2.94	2.92	2.91
20	3.13	3.09	3.05	3.02	2.99	2.96	2.94	2.92	2.90	2.88	2.86	2.84
21	3.07	3.03	2.99	2.96	2.93	2.90	2.88	2.86	2.84	2.82	2.80	2.79
22	3.02	2.98	2.94	2.91	2.88	2.85	2.83	2.81	2.78	2.77	2.75	2.73
23	2.97	2.93	2.89	2.86	2.83	2.80	2.78	2.76	2.74	2.72	2.70	2.69
24	2.93	2.89	2.85	2.82	2.79	2.76	2.74	2.72	2.70	2.68	2.66	2.64
25	2.89	2.85	2.81	2.78	2.75	2.72	2.70	2.68	2.66	2.64	2.62	2.60
26	2.86	2.81	2.78	2.75	2.72	2.69	2.66	2.64	2.62	2.60	2.58	2.57
27	2.82	2.78	2.75	2.71	2.68	2.66	2.63	2.61	2.59	2.57	2.55	2.54
28	2.79	2.75	2.72	2.68	2.65	2.63	2.60	2.58	2.56	2.54	2.52	2.51
29	2.77	2.73	2.69	2.66	2.63	2.60	2.57	2.55	2.53	2.51	2.49	2.48
30	2.74	2.70	2.66	2.63	2.60	2.57	2.55	2.53	2.51	2.49	2.47	2.45
40	2.56	2.52	2.48	2.45	2.42	2.39	2.37	2.35	2.33	2.31	2.29	2.27
50	2.46	2.42	2.38	2.35	2.32	2.29	2.27	2.24	2.22	2.20	2.18	2.17
60	2.39	2.35	2.31	2.28	2.25	2.22	2.20	2.17	2.15	2.13	2.12	2.10
70	2.35	2.31	2.27	2.23	2.20	2.18	2.15	2.13	2.11	2.09	2.07	2.05
80	2.31	2.27	2.23	2.20	2.17	2.14	2.12	2.09	2.07	2.05	2.03	2.01
90	2.29	2.24	2.21	2.17	2.14	2.11	2.09	2.06	2.04	2.02	2.00	1.99
100	2.27	2.22	2.19	2.15	2.12	2.09	2.07	2.04	2.02	2.00	1.98	1.97

	26	27	28	29	30	40	50	60	70	80	90	100
1	6245	6249	6253	6257	6261	6287	6303	6313	6321	6326	6331	6334
2	99.46	99.46	99.46	99.46	99.47	99.47	99.48	99.48	99.48	99.49	99.49	99.49
3	26.56	26.55	26.53	26.52	26.50	26.41	26.35	26.32	26.29	26.27	26.25	26.24
4	13.89	13.88	13.86	13.85	13.84	13.75	13.69	13.65	13.63	13.61	13.59	13.58
5	9.43	9.42	9.40	9.39	9.38	9.29	9.24	9.20	9.18	9.16	9.14	9.13
6	7.28	7.27	7.25	7.24	7.23	7.14	7.09	7.06	7.03	7.01	7.00	6.99
7	6.04	6.03	6.02	6.00	5.99	5.91	5.86	5.82	5.80	5.78	5.77	5.75
8	5.25	5.23	5.22	5.21	5.20	5.12	5.07	5.03	5.01	4.99	4.97	4.96
9	4.70	4.68	4.67	4.66	4.65	4.57	4.52	4.48	4.46	4.44	4.43	4.41
10	4.30	4.28	4.27	4.26	4.25	4.17	4.12	4.08	4.06	4.04	4.03	4.01
11	3.99	3.98	3.96	3.95	3.94	3.86	3.81	3.78	3.75	3.73	3.72	3.71
12	3.75	3.74	3.72	3.71	3.70	3.62	3.57	3.54	3.51	3.49	3.48	3.47
13	3.56	3.54	3.53	3.52	3.51	3.43	3.38	3.34	3.32	3.30	3.28	3.27
14	3.40	3.38	3.37	3.36	3.35	3.27	3.22	3.18	3.16	3.14	3.12	3.11
15	3.26	3.25	3.24	3.23	3.21	3.13	3.08	3.05	3.02	3.00	2.99	2.98
16	3.15	3.14	3.12	3.11	3.10	3.02	2.97	2.93	2.91	2.89	2.87	2.86
17	3.05	3.04	3.03	3.01	3.00	2.92	2.87	2.83	2.81	2.79	2.78	2.76
18	2.97	2.95	2.94	2.93	2.92	2.84	2.78	2.75	2.72	2.70	2.69	2.68
19	2.89	2.88	2.87	2.86	2.84	2.76	2.71	2.67	2.65	2.63	2.61	2.60
20	2.83	2.81	2.80	2.79	2.78	2.69	2.64	2.61	2.58	2.56	2.55	2.54
21	2.77	2.76	2.74	2.73	2.72	2.64	2.58	2.55	2.52	2.50	2.49	2.48
22	2.72	2.70	2.69	2.68	2.67	2.58	2.53	2.50	2.47	2.45	2.43	2.42
23	2.67	2.66	2.64	2.63	2.62	2.54	2.48	2.45	2.42	2.40	2.39	2.37
24	2.63	2.61	2.60	2.59	2.58	2.49	2.44	2.40	2.38	2.36	2.34	2.33
25	2.59	2.58	2.56	2.55	2.54	2.45	2.40	2.36	2.34	2.32	2.30	2.29
26	2.55	2.54	2.53	2.51	2.50	2.42	2.36	2.33	2.30	2.28	2.26	2.25
27	2.52	2.51	2.49	2.48	2.47	2.38	2.33	2.29	2.27	2.25	2.23	2.22
28	2.49	2.48	2.46	2.45	2.44	2.35	2.30	2.26	2.24	2.22	2.20	2.19
29	2.46	2.45	2.44	2.42	2.41	2.33	2.27	2.23	2.21	2.19	2.17	2.16
30	2.44	2.42	2.41	2.40	2.39	2.30	2.25	2.21	2.18	2.16	2.14	2.13
40	2.26	2.24	2.23	2.22	2.20	2.11	2.06	2.02	1.99	1.97	1.95	1.94
50	2.15	2.14	2.12	2.11	2.10	2.01	1.95	1.91	1.88	1.86	1.84	1.82
60	2.08	2.07	2.05	2.04	2.03	1.94	1.88	1.84	1.81	1.78	1.76	1.75
70	2.03	2.02	2.01	1.99	1.98	1.89	1.83	1.78	1.75	1.73	1.71	1.70
80	2.00	1.98	1.97	1.96	1.94	1.85	1.79	1.75	1.71	1.69	1.67	1.65
90	1.97	1.96	1.94	1.93	1.92	1.82	1.76	1.72	1.68	1.66	1.64	1.62
100	1.95	1.93	1.92	1.91	1.89	1.80	1.74	1.69	1.66	1.63	1.61	1.60

索 引

■ 欧文

F-分布　60
K-S 検定　154
P-値　95
$\hat{p}$ の標本分布　62
$r \times c$ 分割表　131
t-分布　58
$\bar{X}$ の標本分布　61

■ あ

位置の評価　8
一様分布　45

■ か

カイ二乗統計量　130, 132, 134
カイ二乗分布　57
確率分布　24, 25
確率変数　25, 30
確率密度関数　38
片側検定　96
形の評価　10
カテゴリ　5
カテゴリカルデータ　5
間隔尺度　4
幾何分布　34
棄却域　90, 95
記述統計　2

期待値　30, 40
帰無仮説　90, 94
区間推定　69
経験分布　155
検出力　92, 95, 117
検出力関数　118
検定統計量　94
コルモゴロフ・スミルノフ検定　154

■ さ

最強力検定　110
最小値　8
最大値　8
最頻値　8
最尤推定量　81
最良の検定　110
最良不偏推定量　80
サンプルサイズ　120
指数分布　46
四分位数　8
四分位範囲　9
四分位偏差　10
順位尺度（序数尺度）　4
順位相関係数　14
順位和検定　151
信頼区間　70, 72

推測統計　3
推定量　67
正規分布　42
積率　30, 40
尖度　11
相関係数　12, 33

■た
第1種の過誤　91, 94
対数正規分布　46
第2種の過誤　91, 95
対立仮説　90, 94
多項分布　37
単純仮説　109
中央値　8
超幾何分布　22, 37
散らばりの評価　9
データ　2, 3
データ解析　3
適合度の検定　133
点推定　66
統計的推測　3
統計量　67
同時分布　28, 40

■な
2×2 分割表　124
二項分布　34
二項分布の正規近似　47
2次元正規分布　46
ネイマン・ピアソンの基本定理　110

■は
パラメータ　43, 94
範囲　9
範囲中央　8

比尺度　4
百分位数　9
標準化変量　11, 44
標準正規分布　44
標準偏差　9, 31, 41
標本　18
標本の大きさ　76
標本平均の分布　56
比率の検定　95
比率の差の検定　98
複合仮説　109
符号検定　143, 144
符号付き順位和検定　148
不偏推定量　78
不偏分散　68, 79
分割表　124
分散　9, 30, 41
分布関数　39
平均　8, 30
平均平方誤差　80
平均偏差　10
ベルヌーイ試行　34
ベルヌーイ分布　34
偏差値　12, 16
変数　3
捕獲再捕獲法　23
母集団　18, 94
母集団比率の推定　69
母集団モデル　19
母数　43, 94
母分散の検定　106, 108
母分散の推定　74
母平均の検定　100
母平均の差の検定　103
母平均の推定　71

■ま

無作為標本　20
名義尺度（分類尺度）　4
モーメント　30

■や

有意水準　95
尤度関数　82
尤度比検定　112

■ら

離散型確率分布　27
離散型変数　4, 24
両側検定　96
連検定　160
連続型確率分布　38
連続型変数　4, 24

■わ

歪度　10

memo

memo

〈著者紹介〉

松井　敬（まつい　たかし）

略　歴
1941 年 生まれ．
1966 年 早稲田大学理工学部卒業．
1971 年から獨協大学経済学部にて「統計学」を担当．
現在　獨協大学名誉教授．理学博士（広島大学）．

主要著書等
『標本調査論』内田老鶴圃，1989．
『統計学――データから現実をさぐる』（池田貞雄らと共著），内田老鶴圃，1991．
『統計解析のきほん』日本実業出版社，2009．
『統計学の数学的方法 1〜3』，(H. Cramer 原著，池田貞雄らと共訳)，東京図書，1972-1973．

数学のかんどころ 11
統計的推測
(Statistical Inference)
2012 年 6 月 10 日　初版 1 刷発行

著　者　松井　敬 Ⓒ 2012
発行者　南條光章
発行所　共立出版株式会社
　　　　東京都文京区小日向 4-6-19
　　　　電話　03-3947-2511（代表）
　　　　郵便番号　112-8700
　　　　振替口座　00110-2-57035
　　　　URL http://www.kyoritsu-pub.co.jp/

印　刷　大日本法令印刷
製　本　協栄製本

検印廃止
NDC 417
ISBN 978-4-320-01991-1

社団法人
自然科学書協会
会員

Printed in Japan

JCOPY 〈(社)出版者著作権管理機構委託出版物〉
本書の無断複写は著作権法上での例外を除き禁じられています．複写される場合は，そのつど事前に，(社)出版者著作権管理機構（電話 03-3513-6969, FAX 03-3513-6979, e-mail: info@jcopy.or.jp）の許諾を得てください．

≪編集委員会≫ 飯高　茂・中村　滋・岡部恒治・桑田孝泰

数学のかんどころ

ここがわかれば数学はこわくない！

（イラスト：飯高 順）　ガウス　オイラー

数学理解の要点（極意）ともいえる"かんどころ"を懇切丁寧にレクチャー。ワンテーマ完結 & コンパクト & リーズナブル主義の現代的な新しい数学ガイドシリーズ。本シリーズの著者はみな数学者として生き、講義経験豊かな執筆陣である。本シリーズによっておさえておきたい"数学のかんどころ"をつかむことができるであろう。

① 内積・外積・空間図形を通して　**ベクトルを深く理解しよう**
飯高　茂著・・・・・・・・・・・・・122頁・定価1,575円

② **理系のための行列・行列式**
めざせ！理論と計算の完全マスター
福間慶明著・・・・・・・・・・・・・208頁・定価1,785円

③ **知っておきたい幾何の定理**
前原　潤・桑田孝泰著・・・・176頁・定価1,575円

④ **大学数学の基礎**
酒井文雄著・・・・・・・・・・・・・148頁・定価1,575円

⑤ **あみだくじの数学**
小林雅人著・・・・・・・・・・・・・136頁・定価1,575円

⑥ **ピタゴラスの三角形とその数理**
細矢治夫著・・・・・・・・・・・・・198頁・定価1,785円

⑦ **円錐曲線** 歴史とその数理
中村　滋著・・・・・・・・・・・・・158頁・定価1,575円

⑧ **ひまわりの螺旋**
来嶋大二著・・・・・・・・・・・・・154頁・定価1,575円

⑨ **不等式**
大関清太著・・・・・・・・・・・・・200頁・定価1,785円

⑩ **常微分方程式**
内藤敏機著・・・・・・・・・・・・・264頁・定価1,995円

⑪ **統計的推測**
松井　敬著・・・・・・・・・・・≪220頁・定価1,785円

⑫ **平面代数曲線**
酒井文雄著・・・・・・・・・・・・・216頁・定価1,785円

⑬ **ラプラス変換**
國分雅敏著・・・・・・・・・・・・・2012年7月発売予定

主な続刊テーマ & 著者

確率微分方程式入門	石村直之
射影幾何学の考え方	西山　享
統　計	鳥越規央
ガロア理論	木村俊一
多変数関数論	若林　功
素数と2次体の整数論	青木　昇
素数とゼータ関数入門	黒川信重
ベクトル空間	福間慶明
行列の標準化	福間慶明
方程式と体論	飯高　茂
トランプで学ぶ群論	飯高　茂
環	飯高　茂
数学史	室井和男・中村　滋
マクローリン展開	中村　滋
ベータ関数とガンマ関数	中村　滋
円周率	中村　滋
文系学生のための行列と行列式	岡部恒治
知って得する求積法	岡部恒治
不動点定理	岡部恒治
微　分	岡部恒治
整　数	桑田孝泰
複素数と複素平面	桑田孝泰

※書名・著者は変更される場合がございます※

【各巻：A5判・並製ソフトカバー (定価税込)】

（価格は変更される場合がございます）

共立出版　http://www.kyoritsu-pub.co.jp/